6
2
Arrow

Rudolf Gulich

RC-Schiffsmodellbau für Einsteiger

Bautechnik · Tips und Tricks
Fahrtechnik und Pflege

Augustus Verlag

Inhalt

Vorwort

Der Begriff »Modell« entstammt dem italienischen »modello«, welches wiederum auf das lateinische »modellus« zurückgeht. Häufig gebraucht als Fachausdruck der bildenden Kunst, steht es für Muster, Form, Maß, Maßstab, Vorbild, Verkleinerung bis hin zur Person (Mannequin) oder dem althochdeutschen »Model« bzw. »Modul«. Wer hat nicht schon »ummodeln« gehört oder »modellieren«?

Also, »Modellbau« ist ein durchaus geläufiger Begriff. Eigentlich trifft man immer wieder Mitmenschen, die bei Nennung dieses Hobbys spontan äußern: »Modellbau? Ja, da habe ich doch auch noch irgendeinen Bausatz im Keller...«. Irgendwann, so scheint es, hat jeder einmal allein oder mit Freunden, oft auch mit dem Vater, mit Modellbau zu tun gehabt. Nur oftmals nicht mit dem gewünschten Erfolg, weil wichtige Grundlagen fehlten, die man gerade bei dieser Freizeitbeschäftigung braucht, um soviel Spaß zu haben, daß man gerne weitermacht.

Schiff, Auto, Flugzeug

Der »Funktionsmodellbau«, wie die Beschäftigung mit RC-Modellen auch genannt wird, umfaßt vornehmlich drei Hauptgruppen: Schiff, Auto und Flugzeug. Natürlich könnte man da auch Eisenbahnen einreihen, oder sogenannte Spezialmodelle, wie Bagger oder Containerterminals, oder Dioramen mit viel Bewegung. Auch bei diesen Modellbauten wird vielfach ferngesteuert. Der Name »RC-Modellbau« heißt ja nichts anderes, als »per Funk kontrolliert« (radio-controlled). Wesentlich sind für den interessierten Normalbürger jedoch nur die oben genannten drei Hauptgruppen.

Das RC-Schiffsmodell

Aus dieser Aufteilung wird hier das Thema »RC-Boot« behandelt. Und wie ebenfalls gerade erwähnt, soll dies speziell für den Einsteiger geschehen. Das heißt nicht, daß ein »alter Hase« nicht doch noch etwas Neues erfahren kann, oder sich freut, wenn er seine Ansichten und Erfahrungen bestätigt sieht. Da der Spruch »Grau ist alle Theorie« auch fürs Hobby gilt, wird dieses Buch aus der Praxis berichten. Falls Sie hier also nach Diagrammen, Graphen und Computerberechnungen suchen, liegen Sie falsch! Es geht nur um Praxistips, um Hilfen für den Einsteiger. Also keine theoretischen Erläuterungen und Tabellen, aber auch keine Eigenbauten und in diesem Buch auch noch keine Verbrennerantriebe (also Modelle mit Glühzünder- oder Benzinmotoren). Denn das ist schon der erste Praxistip: Mit Elektromodellen anzufangen, ist sicher richtig. Aus dem großen Angebot von elektrisch angetriebenen Schiffen wird in diesem Buch eine Auswahl vorgestellt und mit möglichst vielen Ratschlägen zum Bau, mit Fotos und technischen Hinweisen, der wißbegierige Leser zum Erfolg geführt.

Einleitung

Wieso RC-Modellbau?

Der »Modellbau« ist also die Herstellung eines Musters, meist die verkleinerte Ausführung eines Vorbildes, oft aber auch die Vorlage für ein Objekt zur serienreifen Herstellung. Es kann genausogut nur Ausstellungszwecken dienen oder aber dem reinen Vergnügen, wie dies bei »unseren« Modellen der Fall ist. Auch in der Industrie und beim Militär werden RC-Modelle sehr häufig zu den unterschiedlichsten Erprobungen eingesetzt. Die Frage: »Wieso RC-Modellbau?« bzw. überhaupt »Modellbau?«, ist damit zwar noch nicht völlig geklärt, aber zumindest sollte sich nach den obigen Ausführungen nicht alles eingrenzen auf Gründe wie ... der Hauch gewisser Exklusivität ... oder... das besondere (elitäre) Hobby ... oder ... kurzzeitiges Interesse an der Technik, oder soll's nur mal irgendwas anderes sein? Darüber sollten Sie sich wirklich schon am Anfang klar sein! Nur wer wirklich technisches Interesse (nicht zu verwechseln mit »Können«) mitbringt, nur wer bereit ist, auch Zeit und Nerven zu investieren – und nicht nur eine »Mode« mitmachen will, weil's grad so schön »in« ist – der sollte mit RC-Modellbau beginnen! Modellbau hat sehr viele Gesichter.

Am Anfang keine »Superdampfer«

Beim »Funktionsmodellbau« (so nennt man vielfach auch den Bereich »RC-Modellbau«, weil er ferngesteuert funktioniert) rate ich zu Anfang ab von sogenannten »Exoten«, also den »Superdampfern« (dies sind große Schiffe, wie z.B. Passagierdampfer oder Kriegsschiffe), oder anderen ausgefallenen Spezialmodellen. Besser sollte der Anfänger mit relativ einfachen, praktischen Modellen bekannter Marken beginnen und sich ab und zu auch Rat im Handel holen. Natürlich ist »Handel« nicht immer gleichzusetzen mit »Fachhandel«. Deshalb will ich so viele Tips an Sie weitergeben, daß der Erfolg – der den Modellbauspaß schließlich ausmacht – nicht ausbleiben kann. Vorher müssen jedoch noch ein paar grundlegende Fragen geklärt werden.

Die persönliche Situation

Können Sie ein Schiffsmodell in Ihrer Werkstatt/Ihrer Wohnung (Platzfrage) bauen? Wie sieht's mit Werkzeug aus? Wer hilft beim Bau? Grundsätzlich bin ich hier einer Meinung mit den meisten Fachleuten, daß eigentlich RC-Autos der ideale Einstieg in den Funktionsmodellbau sind. Warum? Nun, man findet am ehesten einen Platz zum Starten (weder Luftraum noch Wasser sind nötig), die Modelle können nicht abstürzen oder sinken, und der Elektroantrieb ist bei den Autos am weitesten ausgereift.
Wählt man dann noch die übrige Ausrüstung (also Fernsteuerung, Akkus, Ladegerät, Zubehör, Werkzeug usw.) gleich etwas größer, bzw. besser aus, so steht einem späteren Wechsel zum Schiffs- oder Flugzeugmodellbau nichts im Wege. Wer jedoch gleich mit Schiffen beginnen will, sollte ein einfaches Rennboot oder einen Motorschlepper (langsames Schiff) wählen.

Aller Anfang ist leicht

Ist Ihre Planung und eine gewisse »Selbstfindung« bis zu diesem Stadium gelangt und haben Sie sich für ein bestimmtes RC-Boot entschieden, steht Ihnen das Aufregendste bevor: der Kauf Ihres ersten RC-Modellbausatzes.

So macht's Spaß!

Aber: Nicht gleich kaufen, erst sorgfältig wählen! Dazu wird anhand von Katalogen oder Prospekten der Rahmen abgesteckt. In diesem festumrissenen Feld müssen Sie dann nach und nach klären, was Sie wirklich wollen. Überlegungen zum ganz persönlichen und familiären Umfeld gehören ebenso dazu, wie die Einschätzung handwerklicher Fähigkeiten (vielleicht infolge des Berufs?). Ihr persönlicher Geschmack, Ihr Alter, die wohnlichen Gegebenheiten – alles spielt eine Rolle. Denn selbst bei den Einsteigermodellen gibt es ja noch eine Menge Unterschiede, die auch einen ganz unterschiedlichen Aufwand an Zeit und Energie erfordern. Möglicherweise lieben Sie gerade das »Bauen«, wollen richtig handwerklich basteln, also echten Modellbau von der Pike auf lernen und betreiben! Dann kann es nichts Besseres für Sie geben, als Modellbau aus der Materialsammlung zu betreiben, also kein Fast-fertig-Bausatz, nicht das berühmte »ready to...« Die meisten dieser Schnellbausätze wecken gerade bei Anfängern völlig falsche Erwartungen, denn »fertig zum ...« Fahren sind auch diese Modelle keineswegs. Es gibt immer noch eine Menge zu tun, so daß Sie nach dem altbekannten Slogan handeln müssen: »Packen wir's an!«
Und das ist gut so. »Modellbau« enthält nicht umsonst das Wort »Bau«.

RC-Modellbau – ein teurer Sport?

Natürlich stellt der RC-Modellbau Mindestanforderungen an Werkstatt und Fernsteuergerät. »Das geht ganz schön ins Geld«, werden Sie jetzt sagen. Nun, bestimmte Hobbys kosten eben Geld. Wo gibt es den Leistungssportler oder auch einen ernsthaften Freizeitsportler, der als erstes die Geldfrage stellt? Daß Sie das benötigte Werkzeug und manches Zubehör auch für Haus, Garten und Kfz brauchen können, sollte nur der Vollständigkeit halber erwähnt werden. Also weg mit der irrigen Meinung, RC-Modellbau sei teuer! Manche betreiben ihr Hobby mit wissenschaftlichem Anspruch, viele natürlich auch als Leistungssport. Die Kosten müssen aber nicht hoch sein (Einstieg ab etwa DM 750,-). Die meisten befassen sich mit diesem Hobby jedoch erst richtig intensiv, wenn sie über ein besseres Einkommen verfügen. Dennoch und zum Glück gibt es sehr viele Jugendliche, die ihr ganzes Taschengeld zusammenkratzen oder sich immer wieder etwas schenken lassen, weil gerade sie von der Technik fasziniert sind.

Die technischen Unterschiede

Segelboot oder Schiffsmodell mit Elektromotor?

Die Technik des Elektroantriebes hat viele Vorteile. Gerade Schiffsmodelle sind ohne E-Antrieb fast nicht denkbar. Verbrennerantriebe sind hier kaum noch vorhanden (hauptsächlich wegen Umweltproblemen). Aber auch reine Segelschiffe ohne Motor sind sehr interessant, sie stellen allerdings hohe Anforderungen an den Einsteiger. Oft sind z.B. die Segeltechnik und das richtige Segeln am Wind eine fast schon zu hohe Anforderung.

Holz- oder Kunststoffmodell?

Erst fahren, dann bauen – oder umgekehrt? Diese Frage stellt sich in der heutigen Zeit mehr denn je. Viele Leute wollen den Spaß und Erfolg in der Freizeit sofort und nicht erst lange dafür werkeln. Dabei sind die jetzigen Modellbausätze ja schon längst keine richtigen Bausätze mehr, sondern eher Montagesätze. Denn selbst die Holzbaukästen enthalten immer mehr Stanzteile, die in Gitterrahmentechnik oder mit Verzahnungen vor dem Verleimen ineinandergesteckt werden. So wie vor rund 30 Jahren, als man die Vorlagen auf seine Holzteile erst durchpausen mußte, um sie dann mühsam mit der Laubsäge einzeln herauszusägen, ist es ja schon seit über 15 Jahren nicht mehr. Aber natürlich sind auch die modernen Holzbausätze noch viel arbeitsintensiver als die teilweise oder ganz aus Kunststoff hergestellten Modelle.

Welcher Bauaufwand wofür?

Es stellt sich also ganz klar die Frage: »Habe ich genug Zeit (und Lust), um je nach Modell bis zu 100 Stunden aufzuwenden, bis ich zum Fahren komme?«.

Je weniger Zeit man aufbringen kann oder je weniger Arbeit man sich machen möchte (auch das Aufräumen und Putzen danach sollte nicht vergessen werden), um so mehr vorgefertigt muß das Schiffsmodell sein. Nun gibt es natürlich schon sehr viele vorgefertigte Modelle, hauptsächlich ist bei diesen Fast-fertig-Bausätzen jedoch nicht das Holz, sondern der Kunststoff vertreten. Dabei ist das Bauteil »Rumpf« am häufigsten aus Chemiematerial hergestellt, gefolgt von den Aufbauten (meist ABS-Platten oder auch Sperrholzstanzteile); nur selten sind die Reling und weitere Aufbauten aus Kunststoff. Allerdings kommt es häufiger vor, daß die Beschlagteile (wie Fender, Rettungsboote, Rettungsringe usw.) aus Kunststoff gefertigt sind.
Es gibt auch RC-Boote, die völlig aus Plastik bestehen. Das Beispiel » Sea Dagger«, ein Modell von *Kyosho/MIH*, sei hier genannt. Dieses Schiffsmodell wird in Fernost hergestellt und besteht ganz aus geblasenem Polystyrol, das nur noch durch ein paar Kiefernleisten oder Sperrholzspanten verstärkt wird. Wegen der extrem hohen Vorfertigung ist es eigentlich nur noch ein »Steckbaukasten« und von jedem zu »bauen«. Viele andere gemischte Holz-/Kunststoffbausätze sind auch vom Einsteiger als Erstmodell zu bauen; da stellt sich nur die Frage nach dem gewünschten Arbeitseinsatz und ggf. nach dem Anschaffungspreis.

Der Kajütaufbau aus Sperrholz wird beim Modell »Glasgow« in konventioneller Bauweise ausgeführt.

Das Rennboot »Sea Dagger« besteht ganz aus Polystyrol.

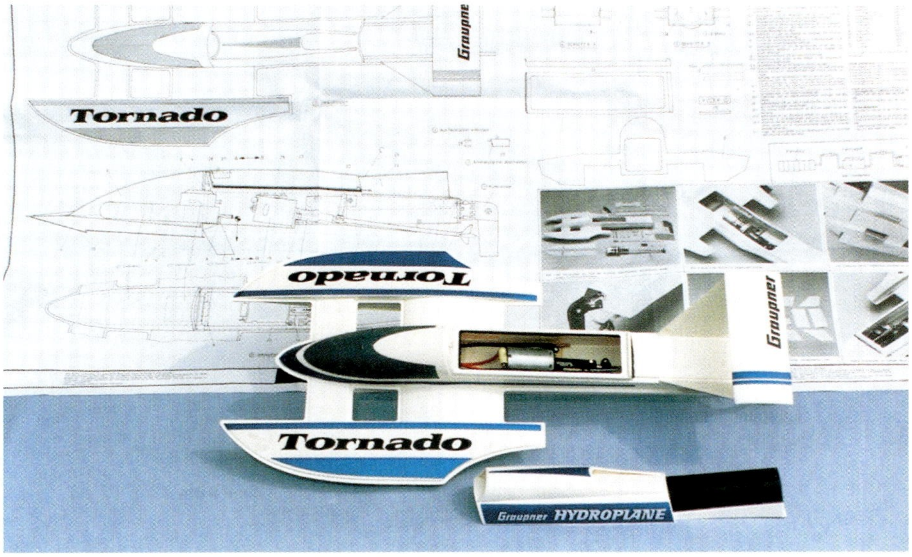

Selbst bei weitgehend vorgefertigten Booten sind meistens ausführliche Baupläne mit dabei.

Die Marken im Handel

Praktische Beispiele werden zeigen, welche Technik bzw. welche Modelle anfangs vorteilhaft sind. Natürlich gibt es unzählige Muster, viele Firmenmarken und Arten. In diesem Buch gebe ich Tips zu den Produkten bekannter Hersteller, die jedem relativ einfach zugänglich sind. Meine langjährige Beschäftigung mit Modellen hat gezeigt, daß gerade der Einsteiger bei bestimmten Marken besonders gut aufgehoben ist. Deshalb wurden hier Schiffsmodelle der Firmen *Graupner, Kyosho, Robbe* und *Simprop* ausgewählt.

Welches Produkt ist das Richtige?
Allgemein stellt sich die Frage nach der richtigen Marke. Nun, praktisch sind in jedem guten Fachgeschäft die bekanntesten Hersteller vertreten, die sich in der Regel durch stetige Lieferbereitschaft, speziell auch bei den Ersatzteilen (den Händler fragen, wie es damit steht) und durch das Preis-/Leistungsverhältnis auszeichnen. Also wieviel Bausatz (komplett?) bekomme ich für

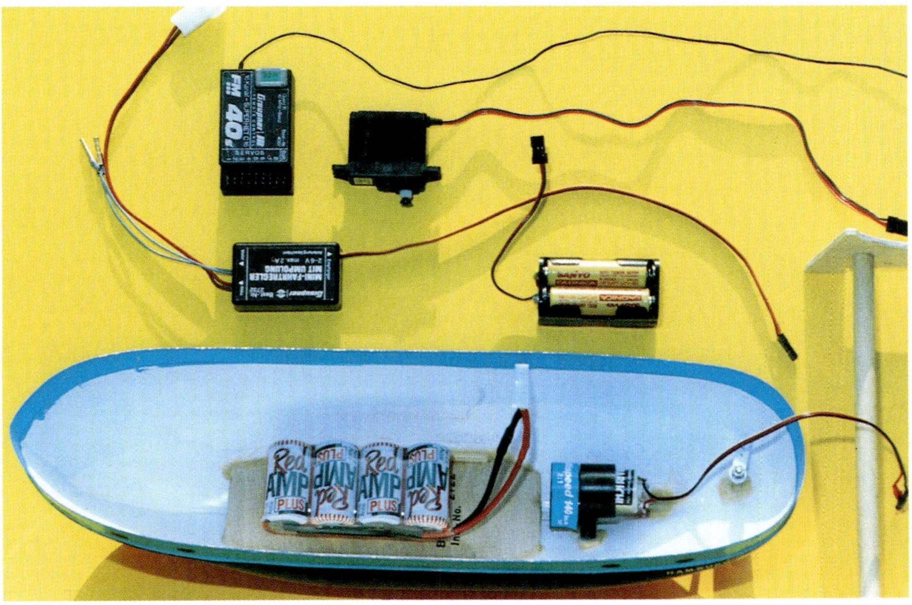

Die meisten Modellboote werden in der Mischbauweise Kunststoff/Holz hergestellt. Auch bei diesem kleinen Schleppermodell sind die Einbauten z.T. aus Sperrholz.

mein Geld und in welcher Ausführung (Ausstattung, Qualität, Optik)? So gibt es immer noch Packungen mit irgendwelchen eingeblisterten Einzelteilen, ohne ausführliche Bauanleitung oder Pläne/Zeichnungen. Ob jemand ohne Erfahrung auf dem Gebiet Modellbau damit klarkommt, ist äußerst fraglich.

Viele Teile oder Fast-fertig-Bausatz?
Eigentlich sind nur zwei Wege richtig: Entweder wählt man ein fast fertiges Produkt (wie z.B. den »Sea Jet« von *Robbe*) und braucht deshalb nicht ganz so viel Bauanleitung, oder man entscheidet sich für einen wirklichen Bausatz (meist ein gemischter Kunststoff-/Holzbausatz) in der Art wie die Modelle »Key Biscayne« oder »Pollux« von *Graupner*.

Kennzeichen des Oberflächen- oder Hydroantriebes ist das hochaufgewirbelte Wasser am Heck.

Als Hydroantrieb bezeichnet man im Schiffsmodellbau eine Bauform, bei der eine flexible Antriebswelle mit dem Ruder kombiniert ist. So läßt sich der Schiffspropeller im Betrieb mit dem Ruder hin und her schwenken.

Die Antriebsarten

Ein weiteres Kriterium ist der Antrieb. Bei Elektrobooten gibt es zwei Versionen: Direktantrieb oder Getriebe. Dazu kommt die Form des Antriebseinbaus und des Ruders. So sind z.B. oft die Antriebswelle und der Propeller lenkbar gelagert. Man spricht dann von einem Oberflächen- oder Hydroantrieb. Bei allen Getrieben ist Platz für den Einbau nötig und man muß mit etwas mehr Wartungsaufwand rechnen, wie z.B. das Fetten oder die Überprüfung eines Zahnriemens usw. Vorteilhaft ist die nicht so starke Belastung des Motors, die erzielbare längere Laufzeit gegenüber dem Direktantrieb und die allgemein »sanfteren« Reaktionen des Antriebes. So gesehen könnte man dem Einsteiger eher zum Getriebeantrieb raten, ich würde es zumindest bei den Motorschleppern empfehlen. Als Beispiel mag der »Pollux« von *Graupner* dienen, der vor allem für Kinder ein nettes, kleines Anfangsmodell darstellt. Sobald damit die ersten Erfahrungen gesammelt sind, wird sowieso der Wunsch nach flotteren Booten laut.

Qualität und Verarbeitung

Bei Schiffsmodellbausätzen bewertet man erstens nach der Materialgüte und zweitens nach der Verarbeitungsqualität. Das Material ist bei den im Fachhandel angebotenen Produkten überwiegend gut, die Verarbeitungsgüte schwankt dagegen immer noch recht stark. Ja sogar innerhalb einer Marke kann dies bei einem Modell vorkommen, weil z.B. die Holzstanzungen am Anfang einer Serie hervorragend sein können, später jedoch nachlassen. Das ist ganz einfach die Folge von stumpf werdenden Stanzwerkzeugen. Gut gestanzte und deshalb leicht herauszutrennende Spanten oder Teile von Aufbauten (Kajüte usw.) und andere Baugruppen machen aber mehr Freude und sparen Zeit. Vorausgesetzt, daß die Bauteile paßgenau gestanzt wurden, ist so ein Holzbausatz dann fast nur noch ein Montagesatz. Hinzu kommt, daß Holz leichter ist als ABS oder Polystyrol. Damit sind nochmals die Vorzüge gegenüber Bausätzen genannt, die überwiegend Tiefziehteile aus Kunststoff enthalten.

Materialqualität

Beim Sperrholz gibt es Unterschiede im Gewicht, in der Oberflächengüte und bei der Verleimung. Dazu muß man wissen, daß die leichteren Sorten auch immer etwas faseriger sind und daher weniger fest. Schließlich gibt es sogar »wasserfestes« Sperrholz (die Verleimung weicht nicht so schnell auf), das aber kaum angeboten wird. Den gleichen Effekt erzielt man durch eine spezielle Grundierung mit Einkomponentenlack oder sog. Porenfüller. Insgesamt ist die Holzqualität bei den Markenprodukten recht hoch; bei sehr billigen, unbekannten Marken oder manchen Produkten aus Italien ist dagegen manchmal mit unangenehmen Überraschungen zu rechnen.

Die Kunststoffteile besitzen ebenfalls in der Regel eine hohe Materialqualität; es gibt jedoch immer wieder mal »Ausrutscher«, z.B. sehr dünne Kanten am Rumpf (durchscheinende Stellen) oder falsch sitzende Aussparungen, falsch geformte oder vergessene Montageteile oder fehlende Bohrungen usw. Am häufigsten sind ungenau passende ABS-Formteile. Zu dünne oder auch viel zu dicke Stellen an Rümpfen findet man häufiger beim GFK-Material (Glasfaserkunststoff), weil diese Bauteile meist in kleiner Serie von Hand gefertigt werden und deshalb große Unterschiede in der Verarbeitungsqualität entstehen. Diese GFK-Rümpfe sind bei Einsteigermodellen seltener, das sonst verwendete ABS-Material (Acrylnitril-Butadien-Styrol) ist in der Verarbeitung deutlich gleichmäßiger, weil es in Serienfertigung maschinell hergestellt wird.

Wie komplett sind die Bausätze?

Abgesehen von relativ unbekannten Marken oder Kleinstserienanbietern sind die Produkte im Modellbaufachhandel in ihrer Ausstattung »ausgereift«, d.h. auch komplett. Letztendlich ist es aber immer noch eine Frage des Preises. So muß man überall den sog. »Beschlagsatz« (Ausstattungsteile wie Rettungsringe, Poller, Fender usw.) dazu kaufen, um ein komplettes Modellboot zu erhalten. Von einem Fast-fertig-Modell erwartet der Kunde zurecht, daß Aufbau- bzw. Einbauteile vormontiert oder gar fertig montiert sind (ob nun aus Holz oder ABS), einschließlich eines im Baukasten fertig vorhandenen Bootsständers (was leider noch immer nicht selbstverständlich ist). Außerdem

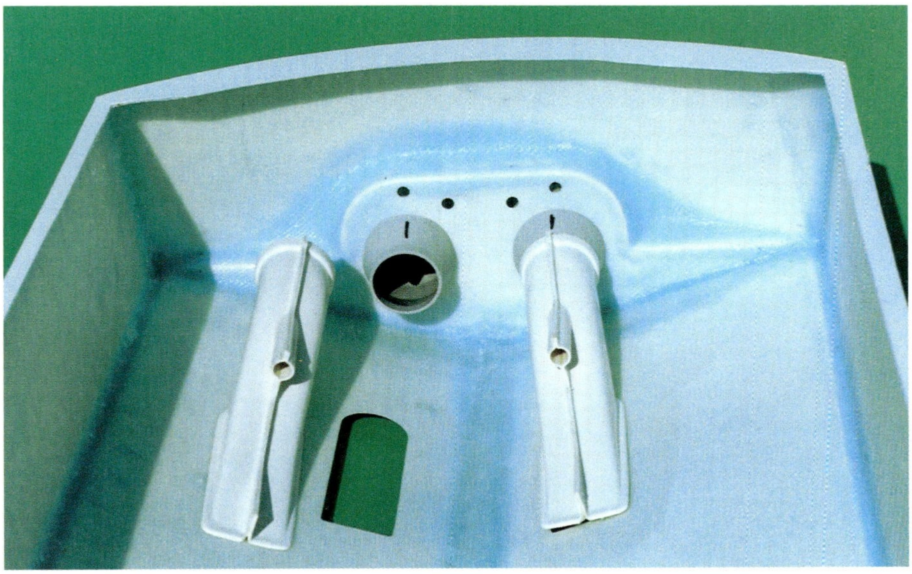

Ein GFK-(Glasfaser-)Schiffsrumpf. Deutlich sind die Verstärkungen des Glasgewebes an den Kanten durch andere Färbung im Heck zu erkennen.

werden Dekorfolien zur Gestaltung gewünscht. In einem sog. Schnellbaukasten (eine Bezeichnung, die zwar bei fast allen Bausätzen benutzt wird, aber oft irreführend ist) erhält der Kunde dagegen nur Holz-, Metall- und Kunststoffteile in mehr oder weniger fertiger Form. Die Holzteile müssen aus den Stanzungen getrennt und teilweise auch völlig ausgesägt werden, die Metallteile vielleicht gebogen (z.B. zu einem Radarmast oder zur Ruderanlenkung) und die Kunststoffteile montiert oder verklebt. Allen Ausführungen, ob nun als Materialsammlung, Montagekasten, Schnellbausatz oder Fast-fertig-Modell bezeichnet, ist gemeinsam, daß die Fernsteuerung und der Antrieb nicht dabei sind und noch eingebaut werden müssen.

Antriebssatz extra

Gehört zum Komplett-Set auch der Antrieb? Oft fehlt im Bausatz bzw. beim sogenannten Fertigmodell ein Antriebsmotor oder ein eventuell nötiges Getriebe. Dies wird von den Herstellern/Importeuren mit der Entscheidungsfreiheit für den Anwender begründet – falls er bereits einen Motor hat oder einen ganz speziellen einbauen möchte. Grundsätzlich sind diese Überlegungen richtig, weil viele Modellbauprofis mit diversen Antrieben experimentieren. Dem Anfänger hilft das aber wenig; er muß sich beim Fachhändler bzw. durch erfahrene Modellbaukollegen beraten lassen oder ein genau vordefiniertes »Antriebs-Set« des Herstellers kaufen.

Wie gut sind die Bauanleitungen?

Bei fast fertigen RC-Schiffsbaukästen der bekannten Hersteller, ist die Frage nach Anleitungen oder Planzeichnungen eher zweitrangig. Allenfalls bei nicht passenden Einbauteilen (andere RC-Anlage als vorgesehen) ist der Benutzer auf eine detaillierte Zeichnung oder eine ausführlichere Beschreibung angewiesen. Der andere Fall sind Reparaturen oder Umbauten. Meist kennt der Modellbauer jedoch zu diesem Zeitpunkt sein Modell schon »in- und auswendig«. Zum Aufbau, der eigentlich nur ein Einbau (von Fernsteuerteilen) und ein Verleimen von wenigen Teilen (wie RC-Platte, Heckspiegelverstärkung, Motorhalterung usw.) ist, genügt die beiliegende Anleitung. Als Folge der Forderungen nach mehr Qualität und besserer Information haben jedoch viele Hersteller oder die deutschen Vertriebsfirmen auch sogenannte Explosionszeichnungen (ein perspektivischer Plan des gesamten Modells – in Einzelteile zerlegt dargestellt) oder Aufsichtsvorlagen der wichtigsten Baugruppen beigelegt.

Die wirklichen **Bau**kästen enthalten ebenfalls solche Pläne und die dazugehörenden Texte (leider immer noch nicht alle in guter Qualität).

Vollausgestattete Schiffsmodelle, also mit komplettem »Beschlagsatz« aufgebaut, sind eine Augenweide.

Werkzeug, Material und Arbeitsplatz

Als Arbeitsort ist nicht immer eine »Werkstatt« im eigentlichen Sinne nötig. Eine Bastelecke genügt ebenso wie der Wohnzimmertisch. Auschlaggebend ist die Größe des Modells, die persönliche Einstellung zur »Arbeit« (brauche ich Ruhe..?) und natürlich auch der Geldbeutel. Da Modellbau ein Hobby ist, das man nicht unter »ferner liefen« betreiben kann, muß man den Arbeitsplatz für eine längere Beschäftigungszeit planen. Dann kann man ein Modell auch mal ein paar Tage liegenlassen – bei Lackier- und Klebearbeiten sind sowieso Trockenpausen unumgänglich. Auch »Klimawechsel« wie sie speziell im Winter durch Änderung der Temperatur und Luftfeuchtigkeit entstehen, sollten besonders bei Holzmodellen vermieden werden (Verzugsgefahr). So gesehen ist es also besser, wenn ein ständiger fester Arbeitsplatz oder eigener Raum vorhanden ist. Gewisse Mindestanforderungen sollten erfüllt sein. Dazu gehört eine solide Arbeitsplatte aus Holz, auf der ein paar Ölflecke oder Brandspuren (vom Löten) keine allzu große Rolle spielen, oder ein ausrangierter Küchentisch (beides darf nicht mit dem »Baubrett« für den Aufbau von Kleinteilen oder der Helling für den Spantenbau – eine Form des Rumpfbaus – verwechselt werden). Es gibt Leute, die bauen tatsächlich im Wohnzimmer (so wie ich selbst auch) und lassen sich dabei auch von Nachrichten aus dem Fernseher oder Radiomusik nicht stören.

Das Baubrett – die Helling

Um Holz- oder ABS-Teile für Kajüte und andere Decksaufbauten eben, winkelig und ohne Verzug aufzubauen, ist nicht nur irgendein Holztisch nötig. Dazu benötigt der Schiffsmodellbauer sein »Baubrett«. Dieses Brett ist am besten

Der Arbeitstisch eines Modellbauers muß nicht schön sein. Wichtig ist, daß er seine Funktion erfüllt.

aus nicht zu hartem Holz (keine Preßspan- oder andere künstlich hergestellte Platten), das auch noch querverleimt sein sollte. Solche Bretter werden oft auch als »Tischlerplatte« bezeichnet. Man muß sich bei der Auswahl in einer guten Schreinerei beraten lassen, nur irgendeine Naturholzplatte im Baumarkt zu kaufen, ist sinnlos. Oft raten Schreiner allerdings zu Sperrholzplatten, die natürlich am sichersten sind gegen Verzug, aber für den Bau von kleinen Holzteilen, bei dem man viel mit Stecknadeln arbeiten muß, nicht ideal, weil die Nadeln schlecht halten. Eine andere Version des Baubretts ist das Balsaholzbrett, wie es z.B. von der Firma *Graupner* als »System-Baubrett« oder als »Balsa-Hellingbrett« angeboten wird. Das System-Baubrett hat sogar ein aufgedrucktes Raster als Hilfe für rechtwinkeliges Bauen und Nut und Federn zum Zusammenstecken für Erweiterungen.

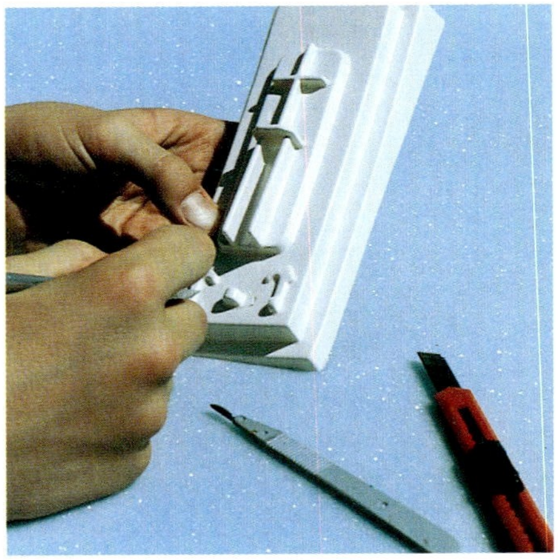

Für Holzarbeiten nimmt man ebenso wie für das Einritzen von ABS-Teilen das Skalpell oder Bastelmesser mit abbrechbarer Klinge.

Der Vorteil solcher Balsabretter liegt im relativ weichen Material, das das Einstecken von Nadeln erleichtert. Die weiche Oberfläche ist aber auch ein Nachteil, weil das Baubrett bei nicht so schonender Benutzung recht schnell unbrauchbar werden kann. Schließlich gibt es noch richtige Hellings (das sind Gitterkonstruktionen aus Holz oder Aluminium, in denen z.B. Spanten senkrecht gehalten werden, wenn man Holzrümpfe selbst baut), die aber bei den heute üblichen Kunststoffrümpfen nicht nötig sind.

Das »System-Baubrett« von Graupner erleichtert das Bauen durch ein Linienraster und läßt sich außerdem durch Anstecken weiterer Bretter nach Bedarf vergrößern.

Grundausstattung mit Handwerkszeug

Wichtiger als der Tisch und ebenso wichtig wie ein gutes Baubrett ist das benötigte Werkzeug. Da heißt es wirklich: Qualität geht vor Quantität. Andererseits gilt: Es gibt (fast) nie zuviel Werkzeug, aber es muß unbedingt Qualitätswerkzeug sein! Jede Arbeit wird nur so gut, wie es das Material erlaubt – dies gilt ganz besonders auch im RC-Modellbau. Natürlich ist auch von den in jedem Haushalt üblichen Werkzeugen (Hammer, Zange, Bohrmaschine...) ab und zu etwas für Arbeiten an Modellen zu gebrauchen, oft aber auch nicht. Am ehesten vielleicht noch die Laubsäge.
Besser ist eine hobbyspezifische Ausstattung. Beim Anfänger im Bereich Schiffsmodellbau heißt das: Vorhanden sein sollten mindestens mehrere scharfe Bastelmesser wie sie z.B. die Firma *Martor* in Solingen anbietet. Auch die meisten Modellbaufirmen haben diese Messer in verschiedenen Ausführungen im Programm. Recht nützlich sind auch Messer mit abbrechbaren Klingen, bei denen nach einiger Zeit der stumpf gewordene vordere Teil der Klinge (ca. 1 cm) abgebrochen wird, um mit dem Rest weiterzuarbeiten. Das Abbrechen sollte mit einer Flachzange erfolgen, damit keine Splitter wegspringen können, denn das könnte sonst wirklich ins Auge gehen. Ebenfalls sehr praktisch (und sehr scharf) sind Skalpellmesser, die der Schiffsmodellbauer für das Einritzen sämtlicher ABS-Teile braucht, bevor er diese dann herausbrechen kann. Wenn man dieses Einritzen erst-

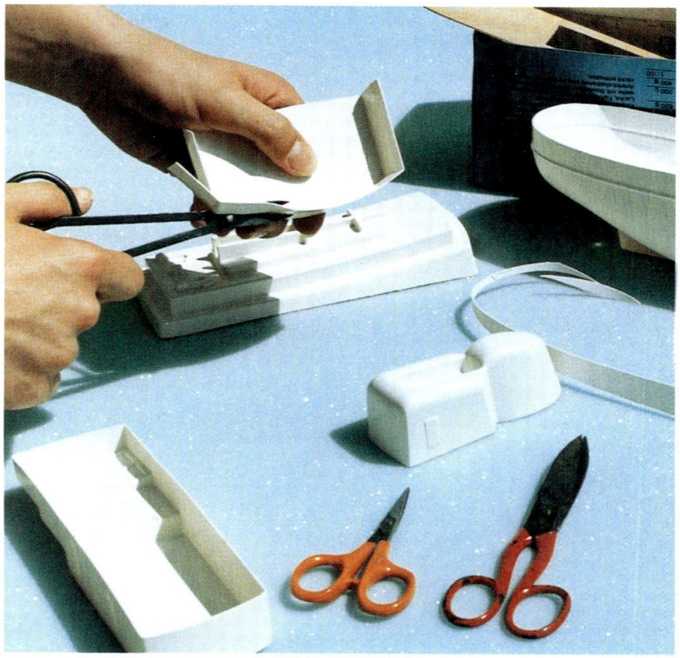

Die tiefgezogenen ABS-Teile werden an der unteren Kante oder an eingeprägten Rillen mehrfach mit dem Messer eingeritzt. Anschließend kann man das Bauteil relativ leicht heraustrennen.

Rechts:
Manche Tiefziehteile, wie hier beim Modell »Pollux«, lassen sich besser mit der Schere abschneiden. Sehr oft ist dafür auch eine gebogene Schere, wie die im Vordergrund gezeigten, vorteilhaft.

mal perfekt beherrscht (reine Übungssache), kann man damit alle erforderlichen Formen besser aus dem ABS-Trägermaterial trennen als mit jeder Schere. Eine spezielle, gebogene und eine kurze, gerade Schere sollten trotzdem in der Werkstatt des Schiffsmodellbauers nicht fehlen. Außerdem ist immer noch die gute alte Laubsäge für viele Arbeiten brauchbar und oft noch besser eine Bügelsäge, die unter der Bezeichnung »Puk-Säge« am bekanntesten ist. Diese Bügelsäge hat auswechselbare Blätter, so daß auch Metallsägeblätter eingespannt werden können.

Ein seit langem bekanntes Universalwerkzeug ist die »Puk-Säge«. In den Stahlsägebogen lassen sich unterschiedliche Sägeblätter einspannen.

Mit einer elektrischen Laubsäge, der sog. Vibrosäge, lassen sich Sperrholzspanten sehr sauber aussägen.

Nicht nur Schneidwerkzeuge benötigt der Schiffsmodellbauer, nein auch einige Zangen, Hämmer und Bohrgerät. So ist ein kleiner Hammer (ca. 50 bis 100 g) zum Einschlagen der Stecknadeln (Dekonadeln) von Vorteil, ein etwas größerer für alle anderen »Klopfarbeiten«. Dafür kann man auch einen Kunststoff- oder Gummihammer hernehmen, um z.B. ein Ritzel vorsichtig auf eine Antriebswelle zu treiben. Zum Festhalten aller möglichen Teile (vom Stahldrahtbiegen bis zum Löten) benötigt der Modellbauer mindestens zwei Flachzangen. Eine kleinere und dann die allseits bekannte »Kombizange«, eine Mehrfachzange, mit der man auch Metall- oder Kunststoffteile abzwicken kann, allerdings bevorzuge ich dafür eher einen großen Seitenschneider. Hinzu kommen für die Elektroarbeiten noch ein kleiner Seitenschneider und eine Abziehzange. Natürlich ist Lötwerkzeug erforderlich (siehe Seite 20) und eine gute Auswahl an Klebstoffen (Seite 17/18). Praktisch sind noch ein Lineal und ein Stahlmaßband und mindestens ein Winkel (aus Holz, Kunststoff oder Metall) mit einer Meßeinteilung und etwa 20 cm Kantenlänge. Auch ein tragbarer Schraubstock (Bohrschraubstock) oder ein kleiner, am Tisch feststellbarer Schraubstock können recht hilfreich sein. Weiter sind natürlich einige Schraubendreher (ich benutze lieber die alte Bezeichnung »Schraubenzieher«) in jeder guten Modellbauwerkstatt zu finden. Richtig sind die Breiten 2,5 mm bis 6 mm (bei den flachen Klingen) und die Größen 0 und 1 vom Typ »Philips« (mit tiefer Einkerbung) bei der Kreuzschlitzausführung. Diese Schraubenzieher hat speziell die Firma *Robbe* im Katalog. Weiter sehr praktisch sind Steckschlüssel in der Form von Schraubendrehern (also mit Handgriff), anstatt der früher üblichen »Röhrenform«. Gerade bei vertieft angebrachten Schraubverbindungen ist die lange und schlanke Stangenform recht nützlich. Natürlich genügt in den meisten Fällen auch ein Gabelschlüssel, wie er in vielen Werkzeugkisten zu finden ist, oder abgewinkelte Steckschlüssel (sog. »Pfeifenkopfschlüssel«), die in Heimwerkermärkten als Mechanikerwerkzeug angeboten werden. Besser sind stets spezielle Arbeitshilfen, wie Elektroniker-Schlüssel und -Schraubenzieher oder spezielle Feinmechanikerwerkzeuge bzw. Uhrmacher-Sets. Derartige Ausführungen sind auch im guten Modellbaufachhandel zu finden. Zum Schluß darf auch eine Abdeckfolie fürs Baubrett nicht vergessen werden. Damit schützt man den Bauplan vor Leim- und Schmutzspuren. Für diesen Zweck gibt es im Malerbedarfshandel eine gute Auswahl an Klarsichtfolien; die in der Küche üblichen Haushaltsfolien sind zu knitterig und zu dünn.
Schon deutlich über eine »Grundausstattung« hinaus geht elektrisch angetriebenes Werkzeug wie z.B. die Dekupiersäge oder auch die von mir gern benutzte »Vibrosäge«. Diese Vibro ist eine elektrische Laubsäge, die nach dem Magnetprinzip arbeitet. Von einem starken Elektrotrafo unter der Sägetischplatte wird ein Magnetfeld erzeugt, das den Halter des Sägeblattes nach unten zieht. Der obere Halter ist eine starke Blattfeder, die das Sägeblatt wieder

hochzieht. Auf diese Weise wird mit verschiedenen Laubsägeblättern jedes Balsa- oder Sperrholzbrettchen bis etwa 10 mm Dicke erfolgreich gesägt. Zum Sägen von Holzleisten oder kleineren Sperrholzplatten gibt es auch eine sehr gute Auswahl von Mini-Kreissägen. Jeder Haushalt hat eigentlich irgendwelche Bohrgeräte, angefangen vom einfachen Drillbohrer bis zur elektronisch gesteuerten Heimwerkermaschine. Beide Extreme sind im Modellbau grundsätzlich einsetzbar, aber ideal ist – wie so oft – der Mittelweg, d.h. eine kleinere, elektrische Bohrmaschine.

Elektrisch angetriebenes Werkzeug

Ende der 70er Jahre tauchten sie erstmals im Hobbymarkt auf: die elektrischen Kleinwerkzeuge, speziell Bohrmaschinen, Schleifgeräte, Trennschneider, Elektrosägen u.v.m. in Kleinstform. Sie wurden bei Heimwerkern und hauptsächlich bei Modellbauern schnell beliebt. Inzwischen gibt es etwa fünf oder sechs bekannte Anbieter (zum Teil sind es die gleichen Produkte unter verschiedenen Namen und in unterschiedlichen Verpackungen), die als gleichwertig anzusehen sind. Man sollte sich also bei der Erstausstattung hauptsächlich darum kümmern, ob in der näheren Umgebung bzw. im bevorzugten Fachgeschäft diese Marke über einen längeren Zeitraum vorrätig ist, vor allem, wie es mit den Ausstattungs- bzw. Zubehörteilen aussieht. Nicht immer ist das oft sehr reichhaltige Kleinteileangebot des Herstellers auch im Laden greifbar. Nichts ist jedoch ärgerlicher als eine Minibohrmaschine, bei der man gerade eben die letzte Trennschleifscheibe zerfetzt hat und keine neue nachkaufen kann. Wer wartet schon gerne Tage auf Ersatz, wenn er jetzt an seinem Modell einen Stahldraht kürzen möchte und mit der Bogensäge nicht rankommt?

100 Watt sind immer richtig

Eine andere Entscheidungshilfe kann die Leistungsfähigkeit der Geräte sein. Da stellt sich die Frage, ob man hauptsächlich mit relativ weichen Holzsorten und dünnen Kunststoffen zu tun hat (als Schiffs- oder Flugmodellbauer) oder doch öfter mit Metall oder zum Teil zähem bzw. hartem Kunststoff (als Automodellbauer). Auch die Größe und Dicke der zu bearbeitenden Materialien spielt eine Rolle. Als grobe Richtlinie empfehle ich für die Startausrüstung bei einer Betriebsspannung von 12 V eine Leistung von rund 100 W. Dabei ist es sicher vorteilhaft, den sowieso benötigten Netztrafo (das Netzgerät) gleich in einer etwas stärkeren Ausführung und mit mehreren Anschlußmöglichkeiten zu wählen, auch wenn man diese am Anfang noch nicht braucht. Bei den Bohrmaschinen ist besonders auf die Lagerung (Kugellager) des Bohrfutters, oder genauer der Welle, zu achten. Wenn das Bohrfutter bis zum Durchmesser von 6 mm aufgeht, ist auch die Belastung der Welle recht hoch und eine gute Lagerung unumgänglich. Bohrergrößen bis zu 6 mm Durchmesser sind jedoch sinnvoll. Die Anbieter dieser Kleingeräte haben inzwischen von der Bohrmaschine bis zum Hobel oder der Stichsäge und der Oberfräse absolut alles im Programm, was das Modellbauerherz begehrt. Welches Gerät man wirklich sinnvoll einsetzen kann, muß man selbst oder der Geldbeutel entscheiden.

Klebstoffe in der Modellbauwerkstatt

Jede Modellbauwerkstatt sollte mit bestimmten Klebstoffen ausgerüstet sein. Allerdings unterscheidet sich der Bedarf wieder stark nach der gewählten Modellbausparte. So ist die Klebstoffsorte für Flugmodellbauer eine ganz andere, als für den, der Schiffe oder Autos baut. Einige Klebstoffe sind aber universell einsetzbar, so die modernen

Um ein etwas größeres Loch zu bohren, wie hier am Heckspiegel eines Bootes, ist schon eine Bohrmaschine mit 100 Watt erforderlich.

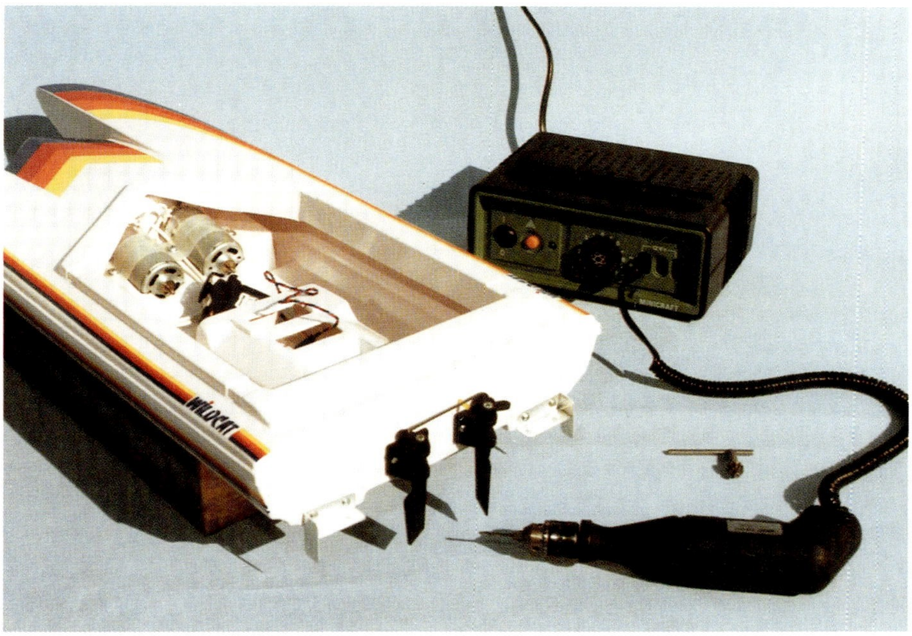

Ein Kleber, der sich gerade im Schiffsmodellbau bestens bewährt hat, ist der Zweikomponentenkleber »Stabilit express«. Er verbindet hervorragend Holz und ABS oder auch Metall und Kunststoff.

In der Mischwanne können verschieden große Mengen (Härterpulver und Harz) angerührt werden. Mit dem Plastikspachtel wird die Masse an die Klebestelle gegeben und glattgestrichen.

Zyanacrylatkleber, die allgemein bekannt sind als sogenannte Schnellkleber, z.B. Zacki, Speed usw. Mit diesen Ruckzuck-Klebern klebt der Automodellbauer seine Reifen auf die Felgen, der Flugzeugbauer verklebt die Kabinenhaube mit dem Rahmen und der Schiffchenbauer klebt damit viele verschiedene Kunststoffteile, wie z.B.»Fahrerköpfe« bei Rennbooten.

Klebstoffe für Schiffsmodellbauer

Natürlich kann man sein Schiffsmodell auch nur mit Zyanacrylatklebern zusammenkleben. Das geht recht schnell, das Modell wird sehr leicht, aber auch sehr teuer. Außerdem werden z.B. die Balsaholzteile recht spröde, was nicht immer wünschenswert ist. Auch spätere Reparaturen können wegen dieser Versprödung (die durch das Einziehen des Klebers in die Holzporen entsteht) eher erschwert werden. Verschiedene Kunststoffteile lassen sich auch nicht fest genug zusammenkleben, weil Schnellkleber das Material nicht anlösen. Aus diesen Gründen verwendet man die Schnellkleber nur dort, wo es wirklich schnell gehen muß (z.B. zum Anheften von Teilen), oder später am See für kleinere, schnelle Reparaturen.

Holzleim und Hartkleber

Der häufigste Kleber für Schiffsmodelle ist heute meist ein Zweikomponentenkleber wie »Stabilit express«. Für alle Holzverklebungen nimmt man Weißleim. Dieser Holzleim, den es in den Ausführungen »normal«, »express« und »wasserfest« gibt, ist preiswert, einfach zu verarbeiten (solange er nicht getrocknet ist, ist er mit Wasser abwischbar oder verdünnbar) und doch sehr stabil. Sein Vorteil gegenüber den jahrzehntelang fast ausschließlich eingesetzten Hartklebern (bekanntester Name »*UHU-Hart*«) besteht im spannungsfreien Austrocknen. Die bei Hartklebern mögliche Spannung kann zu Verzug in den empfindlichen Holzteilen führen. Auch besteht die Gefahr, daß tropfender Hartkleber auf ABS kommt und dieses auf- bzw. anlöst. Verformungen (Beulen, Blasen usw.) sind die Folge. Wer allerdings seine Montagen auf dem Baubrett gut sichert und nicht zu hastig das frisch geklebte Teil vom Brett entfernt, hat wohl nie Schwierigkeiten damit. Meine Holzteile werden immer noch mit Hartklebern verklebt, weil die Trocknungszeiten deutlich besser als beim Holzleim sind. Also fast so schnell wie Zacki, genauso fest wie Holzleim und dabei nicht wesentlich teurer.

Harzkleber

Für hohe Belastungen nimmt der Modellbauer Epoxidharzkleber. Diese Chemiekleber sind in vielfacher Form auf dem Markt erhältlich, am verbreitetsten sind die Zweikomponentenkleber. Dabei werden zwei flüssige oder ein flüssiger mit einem pulverigen Teil gemischt, und zwar jeweils der Binder und der Härter (auch als Harz und Aktivator bezeichnet). Je nach Anteil oder Sorte erfolgt die Aushärtung innerhalb von Minuten oder Stunden (auf der Kleberpackung genau angegeben). Die sog. »Topfzeit« muß deshalb beachtet und die Klebestelle entsprechend vorbereitet werden. Ein Sonderfall dieser Harzkleber ist meines Wissens der »Stabilit express«. Er wird glashart und verbindet die unterschiedlichsten Materialien (Metall, Kunststoff, Holz usw.) sehr fest. Bei der Mischbauweise von ABS und Holz (wie sie besonders im Bootsbau vorkommt) kenne ich eigentlich keine bessere Kleberart, vorausgesetzt, es wird keine besondere Elastizität gewünscht oder gar benötigt. In solchen Fällen sind Harzkleber wie *UHU-Schnellfest* oder *Greven*-5-Minuten-Kleber u.ä. dem Stabilit express vorzuziehen.

Besondere Klebeart: Aceton
Eigentlich darf man hier gar nicht von Kleben sprechen, denn das Aceton löst ABS-Material an und verbindet es dadurch. Für kleine Teile ist es jedoch besser zu handhaben als jeder Kleber. Es wird mit einem Pinsel dünn aufgetragen, sofort zusammengefügt und ist nach kurzer Zeit fest, wie verschweißt. Dieselbe Funktion hat auch *UHU-Hart*, kein Wunder, er basiert auf dem gleichen Lösungmittel. Nur ist ein sehr dünner Auftrag nötig, was bei kleinen Teilen gar nicht gelingen kann, weil sonst das ABS sofort Beulen bekommt.

Streich- und Sprühlacke

Lacke, Verdünner

Zum Verschönern von Schiffsmodellen benötigt man prinzipiell nur zwei Sorten von Lacken: Grundierung auf Nitrobasis für Holz oder Acryllack für Kunststoffe. Das an Schiffsrümpfen hauptsächlich eingesetzte Material ist ABS (Acrylnitril-Butadien-Styrol), das auch unter Markennamen wie »Plura«, »Perfekt« und vielen anderen bekannt ist. Als weiteres Material wird manchmal auch Polystyrol verwendet, das ebenso wie ABS undurchsichtig und weiß bis leicht gelblich oder eierschalenfarben ist. Für die Lackierarbeiten sind die Unterschiede der letzten beiden unerheblich. Auch für die Lackierung von grundiertem Holz sind die für Kunststoffe vorgesehenen Lacke meistens geeignet. Seltener gibt es bei Einsteigermodellen auch GFK-Rümpfe. Dieser Glasfaserkunststoff benötigt eine Vorbehandlung (Primer) oder das Anschleifen. Viele Bootsrümpfe bleiben entweder weiß oder das GFK-Material ist schon eingefärbt, so daß Lackierarbeiten sowieso entfallen. Die Aufbauten werden dagegen aus Holz oder ABS gefertigt und mit dem Pinsel oder Airbrush lackiert.

Sprays, Airbrush
Für die erforderliche Lackierung ist natürlich Spray aus der Dose äußerst praktisch. Inzwischen weiß jeder, daß Sprühlacke für Mensch und Umwelt kritischer zu bewerten sind, als Streichlacke und daß solche mit Verdünnern bzw. Lösungsmitteln schlechter sind, als die ohne. Immer in bezug auf gesundheitliche oder ökologische Aspekte. Bei der Haltbarkeit oder Strapazierfähigkeit sieht es (noch) etwas anders aus. Zumindest der umstrittene FCKW (Fluor-Chlor-Kohlen-Wasserstoff) als Treibgas ist aus den Sprays verschwunden, andere Treibgase und die Lösungsmittel aber nur zum Teil.
Für eine gelungene Lackierung jedoch ist die Sprühdose nötig (siehe Bild Seite 69), oder als Alternative der Airbrush. Streichfarben (also aus der Dose mit dem Pinsel aufgetragen) werden nie den gleichen Effekt bringen und sind deshalb nur für die Holzgrundierung und kleinflächige Arbeiten, Ausbesserungen, Ränder oder Verzierungen zu empfehlen (Ausnahme: Spezialeffekte bei bestimmten Rümpfen – s.u.). Deshalb sollte man immer erst dann die gewünschte Farbe besorgen, wenn feststeht, welche Farbgebung ausgeführt wird. Der passende Verdünner (für Pinselsäuberung u.ä.) wird ebenfalls erst dann bereitgestellt.

Streichen mit dem Pinsel

Eine Ausnahme von o.g. Regel ist das Streichen mit dem Pinsel bei ganz bestimmten Schiffstypen. Während nämlich alle Rennboote und Motoryachten ein besonders tolles Design

Für kleinere Lackierarbeiten oder Ausbesserungen genügt es auch, die Farbe mit dem Pinsel aufzutragen. Bei manchen Modelltypen, wie z.B. Hafenschleppern, Frachtern usw., ist das Streichen sowieso originalgetreuer als die Sprühlackierung.

erhalten (mit allen möglichen gestalterischen Elementen), sieht es bei Hafenschleppern, Großschiffen, Containerfrachtern usw. ganz anders aus. Diese Schiffe haben im Original selten eine homogene und gestylte Lackierung, sondern meist einen recht fleckigen Anstrich. Eine matte, mit Roststellen durchsetzte Farbgebung läßt sich mit dem Pinsel oft besser herstellen. Allerdings gibt es Künstler, die das mit Airbrush noch effektvoller erreichen.

Löten und Isolieren

Ein Modellbauer muß löten können! Daran führt kein Weg vorbei, vor allem nicht, wenn man Elektroantriebe einsetzt, wie es besonders in diesem Buch beschrieben wird. Löten wiederum ist noch immer eine kleine Kunst, aber erlernbar. Deshalb habe ich gerade dieser Tätigkeit im Kapitel Werkstatt/Werkzeuge breiten Raum eingeräumt. Ist eine Lötverbindung (gemeinhin als »Lötstelle« bezeichnet) nicht in Ordnung – dafür gibt es leider viele Gründe – kann dies für den Modellbauer verheerende Folgen haben. Die schlimmste Situation ist immer noch der Absturz eines Modellflugzeuges (oder Hubschraubers), womöglich gar auf Personen. Auch unkontrolliert fahrende E-Boote können erheblichen Schaden anrichten. Wenn durch Lötfehler bzw. fehlerhafte Lötverbindungen elektrische Störungen auftreten, kann dies im Antriebsbereich (Motor, Fahrakku) ebenso sein, wie bei der Steuerung (Ein-/Ausschalter, Empfängerakku, Empfänger, Servo). Industrie und Handel versuchen, solche Probleme gar nicht erst aufkommen zu lassen, indem sie immer mehr fertig verkabelte, komplette Antriebs- und Steuerungseinheiten bereithalten. Dies ist sicher richtig, aber noch lange nicht überall vorhanden und auch nicht immer machbar. Dazu ist der RC-Modellbau viel zu vielschichtig, die ständigen technischen Neuerungen zu rasant und die Auswahl zu groß. Letztlich hat das Löten auch noch eine große Bedeutung bei Wartungs- und Reparaturarbeiten. Aus all diesen Gründen ist klar: Ein richtiger Modellbauer muß löten können. Es ist ja auch nicht ganz so schwer, wie es scheint. Erste Voraussetzung wieder: gutes Arbeitsgerät. Gerade beim Lötwerkzeug ist die richtige Wahl noch entscheidender als beim sonstigen Werkstattmaterial. Ganz besonders bei Elektronikarbeiten (die der Einsteiger natürlich nicht sofort alle ausführen kann) ist gutes Lötwerkzeug wichtig, aber auch beim »nur« Kabelanlöten, also bei den normalen elektrischen Lötungen. Ich benutze Lötkolben, Lötstationen und Zubehör der Marke »*Weller*«. Als Modellbauer braucht man anfangs drei Versionen Lötkolben: erstens einen zum Anlöten der Kabel am Antriebsmotor, parallel dazu einen stärkeren zum Löten am Motorgehäuse (für Entstörkondensatoren beispielsweise) oder fürs Zusammenlöten einer Reling und drittens einen zum Löten verschiedener dünnerer Kabel (vom abgerissenen Antennenkabel bis zur Verlängerung eines Servoanschlusses oder der Verlegung von Extraleitungen für Sonderfunktionen). Später als vierten einen feinen Kolben oder die »Lötstation« für Reparaturen oder Änderungen an elektronischen Schaltungen. Diese letzte Ausführung ist jedoch anfangs unnötig. Die drei Größen von Lötkolben für Anfänger sind: eine 40-Watt-, eine 75-Watt- und schließlich eine 120-Watt-Ausführung. Wer will, kann für dünnere Kabel einen 15-Watt-Kolben oder die Lötstation mit Automatikkolben dazu nehmen.

Richtig löten – so geht's

Voraussetzung ist ein geeigneter Arbeitsplatz, also eine stabile, unempfindliche Arbeitsfläche. Ein alter Holztisch, bzw. eine Holzplatte, ist ideal. Aber bitte kein Spanholz oder andere gepreßte und verklebte Platten, auch kein Kunststoffüberzug, wie Resopal o.ä. Falls Sie versehentlich die Oberfläche einmal ansengen, entstehen nämlich gesundheitsschädliche Dämpfe.

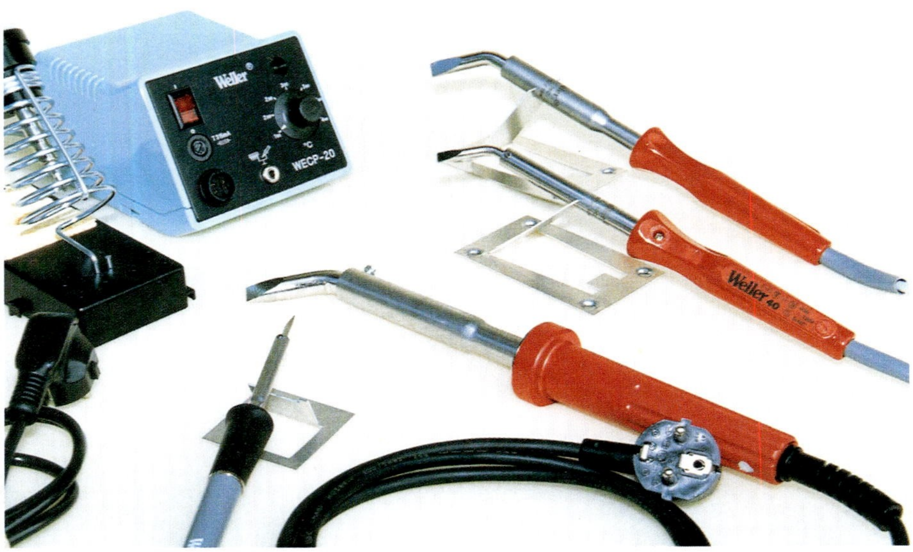

Gutes Werkzeug ist auch beim Löten Bedingung. Eine Auswahl von mindestens drei Lötkolben (40, 75 und 120 Watt) sollte jeder Schiffsmodellbauer besitzen. Die elektronische Lötstation ist dagegen schon etwas für Edelbastler.

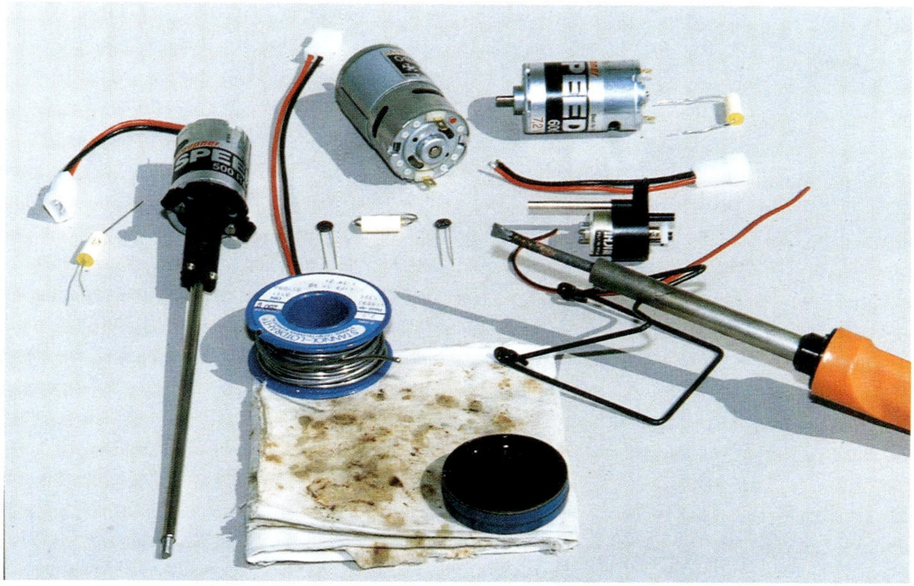

Der vorbereitete Arbeitsplatz zum Anlöten von Motorkabeln und Entstörkondensatoren. Links außen liegt der vormontierte Antrieb für das Modell »Tornado«; rechts, beim Lötkolben, sieht man den kleinen Getriebemotor des »Pollux«.

Ebenfalls schlecht sind Metall- oder Steinplatten (zu kühl). Ferner sollte der Lötkolben auf einer Ablage liegen (wie sie *Weller* als Alublech beigibt), so daß nichts verbrennt (dazu ist dann allerdings eine Steinplatte als Unterlage wieder recht gut geeignet). Weiter braucht man einen alten, festen Leinenlappen (keine Kunstfaser, weil diese verschmort) zum Reinigen der Lötspitze, ebenso Salmiakstein, Lötzinn und Lötfett. Besser geeignet ist bei feineren Lötungen ein Lötzinn mit Kolophonium anstatt des Lötfetts. Außerdem müssen alle nötigen Zangen (also Seitenschneider, Flachzange und Abziehzange) vorbereitet sein.

Kabelanlöten (Vorbereitung)

Beginnen wir mit den Motoranschlußkabeln. Es handelt sich normalerweise um Kupferlitze, d.h. um eine Kunststoff- oder Spezialgummihülle, in der sich eine Vielzahl von feinsten Kupferdrähtchen befindet. Diese Kupferhaare werden als »Litze« bezeichnet. Die Umhüllung muß also am jeweiligen Ende zum Löten entfernt werden. Früher geschah dies mit dem Kabelmesser. Wer gut damit umgehen kann, macht es auch heute noch so. Für Ungeübte ist eine »Abziehzange« besser. Diese gibt es als einfache Zange, einstellbar mit Abstandsschraube, oder als Automatik. Die automatische Zange bewährt sich bei feinen Kabeln von 0,5 bis 5 mm Ø, wie sie im Modellbau vorkommen, sehr gut (der etwa dreifache Preis gegenüber einer normalen Abziehzange ist gut angelegt). Mit diesen Zangen entfernt

Zum Anlöten von Motorkabeln muß die Kupferlitze vorbereitet werden. Der erste Arbeitsgang ist das Abisolieren. Ideal dafür geeignet (auch für weniger geübte Modellbauer) ist diese Automatikzange.

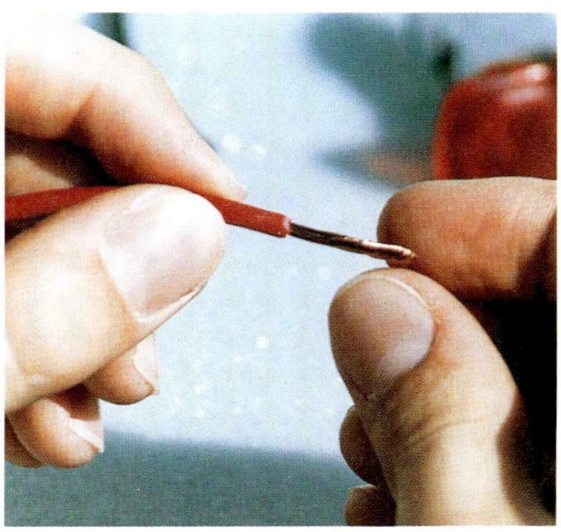

Vor dem Verzinnen des abisolierten Drahtendes sollten die einzelnen, haarfeinen Kupferadern gut verdrillt werden.

man also an den zu verlötenden Kabelenden die Isolierung gewöhnlich auf etwa 1,5 cm Länge. Dabei muß man darauf achten, daß die feinen Kupferhaare nicht eingekerbt oder angerissen werden (die richtige Stärke einstellen an der Zange), weil sonst der Kabelquerschnitt verringert wird. Die jetzt heraustretenden Kupferdrähtchen werden zwischen Daumen und Zeigefinger verdrillt. Aber Vorsicht: Diese Kupferhaare können ganz schön stechen! Wer empfindlich ist, sollte eventuell Handschuhe anziehen. Alle so vorbereiteten, verdrillten Enden zieht man durch das Lötfett, eine wachsartige Paste, so daß das Kupfer gut eingeschmiert ist. Bei feineren Drähten und Elektronikplatinen arbeitet man besser nicht mit Lötfett, sondern mit Speziallot (Lötzinn mit Kolophonium). Inzwischen hat man auch den Lötkolben eingesteckt und zum Aufheizen abgelegt. Bei schon etwas älteren Kolben wird die Spitze vorher mit Schleifpapier (Schleifklotz) oder einer mittelfeinen Flachfeile gereinigt, geglättet und in Form gebracht. So erscheint die Kolbenspitze jetzt kupferfarben als langgestreckte, flache Spitze. Will man immer ordentliche Lötspitzen haben, verwendet man temperaturgesteuerte Lötkolben mit Automatikspitze. Durch kurzes Eintippen ins Lötfett merkt man, ob der Kolben schon warm genug ist (das Fett schmilzt und dampft etwas), damit er verzinnt werden kann. Dies geschieht durch Aufbringen von Lötzinn auf allen Seiten der heißen, blanken Kupferspitze des Kolbens. Das Zinn bildet einen glänzenden Überzug – zu viel geschmolzenes Zinn tropft als Kügelchen ab oder wird mit dem Leinenlappen abgestreift. Übrig bleibt eine silbrig glänzende Lötkolbenspitze – es ist Zeit zum eigentlichen Löten.

Es wird gelötet

Auf die verzinnte Spitze wird erneut eine Zinnperle aufgebracht (diese bildet sich durch Kontakt mit dem Lötdraht), die dann auf das Kabelende durch Bestreichen übertragen wird. Dabei verdampft mit grauem Rauch ein Teil des Lötfetts und das Kupferkabel erhält ebenfalls eine silbrig glänzende Oberfläche. Je glänzender, gleichmäßiger, glatter dieses Drahtende dann ist, um so besser ist die Verzinnung. Alle zu bearbeitenden Kabelenden (oder eventuell auch Zwischenstücke) müssen sauber verlötet sein, bevor weiter gearbeitet wird. Da der Lötkolben nicht unendlich lang heiß herumliegen soll – und weil er sonst auch verzundert, d.h. »einbrennt« – sollte man diese Lötarbeiten sorgfältig planen, vorbereiten und dann »am Stück« arbeiten. Sind alle Kabelstücke verzinnt, wird man eventuell den Lötkolben erst einmal abstecken, um weitere Vorbereitungen zu treffen. Dies sind die Bearbeitung der verzinnten, jetzt starren Kabelenden und das Herrichten der übrigen Lötstellen, wie z.B.

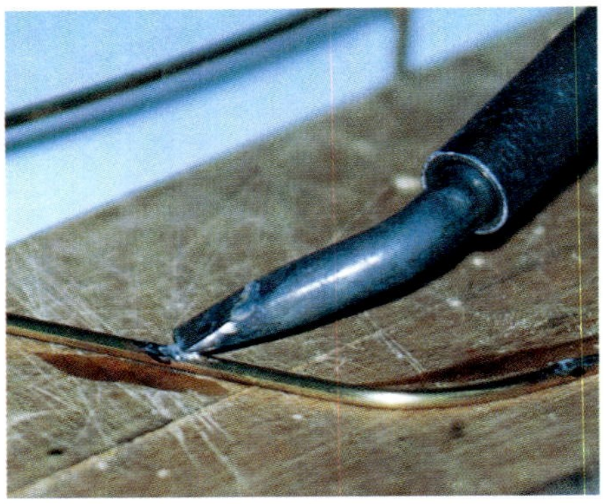

Eine recht schwierige Lötarbeit, die auf jeden Schiffsmodellbauer irgendwann einmal zukommt, ist das Relinglöten. Dabei müssen Messingrohre oder -stäbe zusammengelötet werden. Zuerst werden die markierten Lötstellen gut vorverzinnt und z.B. die Enden der kurzen Relingstützen mit Zinn verschlossen. Dazu nimmt man als Hilfswerkzeug einen gebohrten Stab o.ä.
Die so vorbereiteten Stützen werden zwischen die Handläufe gestellt bzw. gelegt und dort eingelötet. Das Lötzinn muß gut verlaufen und dabei silbrig glänzen, damit es keine brüchige Lötstelle gibt. Anschließend werden alle Lötverbindungen verschliffen und poliert.

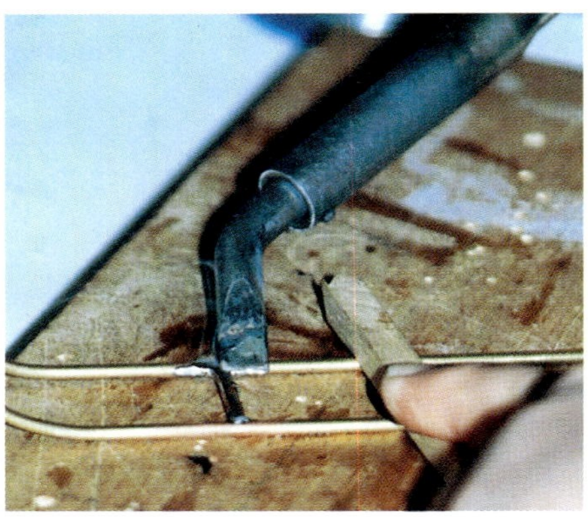

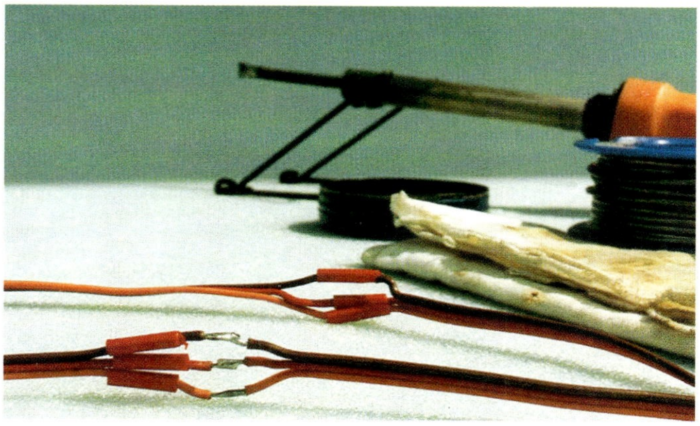

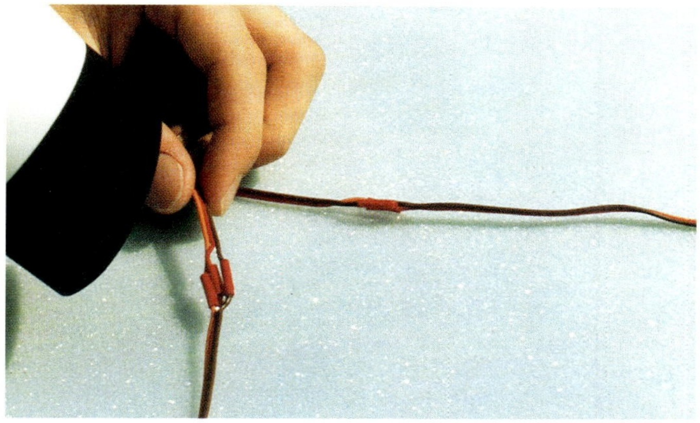

Eine andere Lötarbeit ist das Verlängern von Servo-Anschlußkabeln. Diese werden einzeln sauber zusammengelötet. Der schützende Isolierschlauch (Schrumpfschlauch) muß vorher aufgesteckt werden (vordere Kabel) und bedeckt dann die gelötete Anschlußstelle (hintere Kabel). Dort wird er mit dem Heißluftgebläse (Fön) zum Schrumpfen gebracht.

die Motoranschlüsse. So werden die verlöteten Enden eventuell mit Schleifpapier oder Feile geglättet (falls man doch nicht so glatt verzinnt hat) und auf alle Fälle etwas verkürzt – selten braucht man freie Kabelenden von mehr als fünf Millimetern Länge. Zum Kürzen benutzt man einen Seitenschneider. Je nach den verwendeten Kabelstärken sollte man mindestens zwei verschieden große besitzen.

Richtige Isolierung

Wo ein Kabel mit einem anderen verbunden werden soll (Verlängerung, Reparatur usw.), stellt sich auch die Frage der Isolierung. Früher wurde es nach dem Zusammenlöten mit Isolierband umwickelt (das geht immer noch), heute wird meist »Schrumpfschlauch« verwendet. Der ist praktisch und sieht fertig auch eleganter aus als Isolierband. Aber man muß beachten, daß er bereits vor dem Zusammenfügen der Kabelteile auf einer Seite aufgeschoben werden muß. Bitte mit deutlichem Abstand zur Lötstelle, weil er sonst vorzeitig schrumpft. Sind diese weiteren Vorarbeiten gediehen, wird der Lötkolben wieder angeheizt (eventuell vorher die Spitze erneut verschleifen oder am Salmiakstein abreiben – falls sie doch eingebrannt, verzundert ist) und die weiteren Lötungen durchgeführt. So werden zum Beispiel die Anschlußfahnen am E-Motor verzinnt, die Kabelenden daraufgelegt und mit flüssigem Zinn überzogen, so daß eine silbrig glänzende, längliche Raupe entsteht. Nur falls technisch unbedingt erforderlich (Platzfrage), sollten die Kabel quer zu den Motoranschlüssen verlötet werden, sonst sieht längs besser aus und ist auch fester zu verlöten. Kabel verlötet man miteinander, indem gleich lang abgezwickte Enden eng nebeneinander gelegt (z.B. auf dem Leinenlappen), oder eng nebeneinander gehalten werden (von einer Hilfskraft bzw. durch Hilfswerkzeug) und dann mit dem Lötkolben heißes, flüssiges Zinn darüber gestrichen wird.

Löten am Motorgehäuse

Schwierig anzulöten sind die oft benötigten Entstörkondensatoren, und zwar das Verlöten des einen Drahtendes mit dem Motorgehäuse. Denn dieses Motorgehäuse kühlt stark, so daß die Lötstelle nicht optimal aufgeheizt werden kann und eventuell das Lötzinn nicht richtig fließt. Es entsteht eine sog. »kalte Lötstelle«, im wahrsten Sinn des Wortes. Kalte Lötstellen haben schlechten oder gar keinen elektrischen Kontakt und brechen auch mechanisch sehr bald ab. Bei der Motorentstörung schon schlimm genug, bei anderen Lötungen (wie etwa der Stromversorgung) oftmals »tödlich« für das Modell. Am Elektromotor muß also eine optimale Lötfläche vorbereitet sein, d.h. blank, fett- und schmutzfrei und vorverzinnt. Zuerst wird also das Gehäuse etwas abgeschliffen oder besser angefeilt. Dies geschieht mit einer mittelfeinen, mittelgroßen Flachfeile (als Hilfe: etwa 2 cm breit und dabei rund 20 bis 25 cm lang). Wichtig: Der Motor muß abgedeckt sein! Also Kühlschlitze, Schraubenöffnungen usw. mit Klebeband, Folie oder anderen geeigneten Mitteln verschließen, damit kein Schleifstaub oder Feilspäne eindringen können. Der »ausgepackte«, gereinigte Motor wird danach sofort verzinnt. Dazu benötigt man einen starken Lötkolben, je stärker um so besser (ich verwende einen mit mindestens 120 W Leistung bei 240 V Spannung). Denn grundsätzlich gilt: Mehr Hitze in kurzer Zeit ist immer besser als wenig Hitze und ellenlange Löterei. Also für solche Arbeiten am Motorgehäuse oder bei größeren Blechen und starken Metallteilen wie Relingstützen und Handläufe aus Messing einen Lötkolben über 100 W nehmen, zumindest immer den stärksten. Dazu gut vorheizen und ordentlich Lötfett auftragen. Apropos Lötfett: Vielfach wird gesagt, daß es ohne geht und daß diese Lötungen

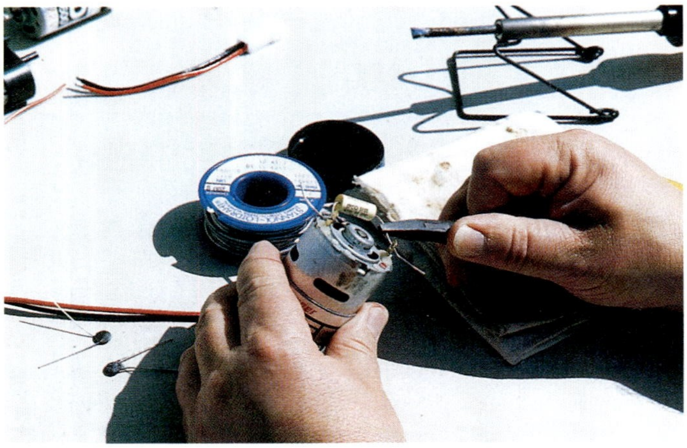

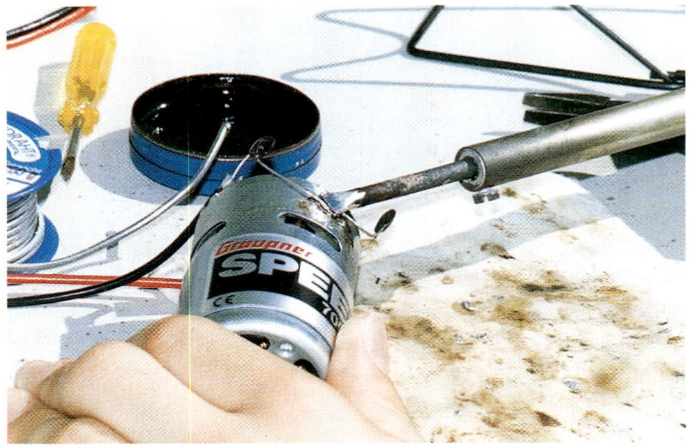

Oben links:
Zum Löten am Motorgehäuse ist das Aufrauhen der Lötstelle sehr wichtig. Gut geeignet ist eine mittelfeine Flachfeile, allerdings müssen die Motoröffnungen zugeklebt werden, damit keine Feilspäne eindringen (aus optischen Gründen ist das hier nicht geschehen).

Oben rechts:
Nach dem Aufrauhen wird Lötfett aufgebracht.

Mitte links:
Ein Entstörkondensator wird über die Anschlußpole des Motors gelötet.

Mitte rechts:
Eine andere Art, Motoren zu entstören, ist das Anlöten von insgesamt drei Kondensatoren. Dazu wird jeweils links und rechts ein kleiner Kondensator von den Motoranschlußfahnen zum Gehäuse gelötet. Der dritte liegt dann quer über den Anschlußfahnen.

Unten:
Hier werden G4-Goldstecker (4 mm Ø) angelötet.

dann sogar besser seien. Dies ist nur zum Teil richtig, denn besser löten lassen sich vor allem stärkere Kabel und natürlich massive Metallteile immer mit Lötfett, allerdings können Nachwirkungen auftreten (wie z.B. »zerfressene« Kabel), weil Säure mit im Spiel ist. Deshalb unbedingt jede Lötstelle nach getaner Arbeit sofort reinigen. Dazu nimmt man Spiritus und eine alte Zahnbürste (oder einen nicht zu weichen Pinsel) und rubbelt die verlötete Partie kräftig damit ab. Besser zu gründlich, als zu wenig, so daß auch die Stellen, in die das heiße Lötfett hineinkriechen konnte, gereinigt werden. Solche gründlich gereinigten Lötungen sind dauerhaft haltbar.

Messen und Prüfen

Alle elektrischen Verbindungen (also auch die eben dargestellten Lötungen) müssen stets überprüft werden. Die mechanische Festigkeit ist ja beinahe durch Augenschein feststellbar, zumindest aber durch kurzes kräftiges Ziehen am Kabel, die elektrische Verbindung nur durch ordentliches Messen. Natürlich sieht der erfahrene Elektriker auch einer Lötstelle oft an, daß sie nicht in Ordnung ist, z.B. bei einem stumpfen, grauen Farbton, bei verklumptem oder strähnig verlaufenem Zinn, womöglich abbröselnden Zinnbrocken oder ähnlichem. Sicher jedoch ist nur die elektrische Prüfung. Dies geschieht mittels einer »Durchgangsprüfung« mit einem Ohmmeter oder jedem vergleichbaren Meßgerät. Dabei wird durch Anschluß der Meßspitzen der Widerstand der Leitung (also auch der Lötstelle) geprüft und optisch bzw. akustisch angezeigt. Die akustische Anzeige (wie sie bei den sog. »Multimeter«-Instrumenten üblich ist) ist dabei sicher vorteilhafter. Man kann sich aufs Messen, auf das Anlegen der Kontakte (also der Meßspitzen oder Klemmen) konzentrieren und sogleich akustisch die Verbindung prüfen. Zuerst

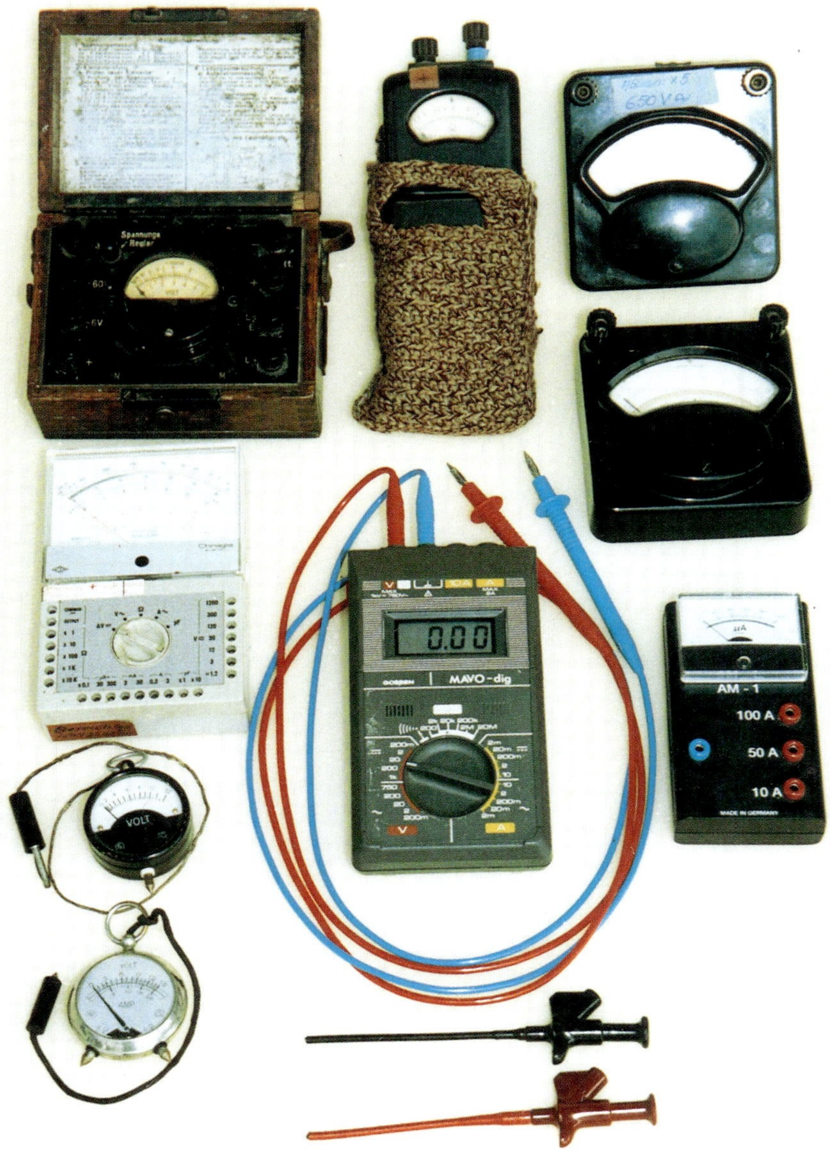

Als Meßgerät verwendet der Schiffsmodellbauer im Gegensatz zu früher zweckmäßigerweise ein Multimeter (Vielfachmeßgerät) und evtl. für die Strommessungen am Motor ein reines Amperemeter (wie das Zeigerinstrument AM-1). Eine Sammlung verschiedener Meßgeräte (von li. oben nach re. unten): ein tragbares, außerordentlich robustes Spannungs- und Strommeßgerät, ein Ohmmeter für Widerstandsmessungen (im Strickkleid), zwei hochstromfeste Volt- und Amperemeter; darunter ein Vielfachmeßinstrument mit Zeigeranzeige und daneben das Multimeter mit digitaler Anzeige. Links unten Strom- und Spannungsmesser in Taschenuhrform, rechts außen das preiswerte AM-1 aus dem Modellbauladen.

Zwei Arten von »Goldsteckern«: einmal in runder Form (Graupner, Robbe u.a.) *und einmal als Flachstecker (Multiplex). Diese hochbelastbaren Steckverbindungen werden an den Fahrtreglern als Verbindung zum Motor eingesetzt.*

braucht man jedoch ein Meßgerät. Da sich der »Elektromodellbauer« nicht nur mit Leitungsprüfungen befaßt, sondern auch Ströme messen will (oder muß), seine Ladearbeiten überwacht oder die Akkus prüft, benötigt er doch ein etwas vielfältiger einsetzbares Meßgerät. Solche Geräte werden gerne als Multimeter (Vielfachmeßgeräte) bezeichnet. Damit sind Widerstandsmessungen (wie die genannte Durchgangsprüfung) ebenso möglich wie auch das Messen von Spannungen und Strömen. Allerdings soll nicht verschwiegen werden, daß manche der modernen Motoren so hohe Ströme »ziehen«, daß ein gängiges Multiinstrument diese nicht verkraftet. Für solche spezielleren Meßverfahren gibt es auch spezielle Meßgeräte oder Zusätze zu den üblichen Instrumenten. So wird es für den Durchschnittsmodellbauer genügen, wenn er für seine Strommessungen ein ganz einfaches Zeigerinstrument einsetzt, wie es diese von verschiedenen Modellbaufirmen fertig vorbereitet (mit Anschlußkabel) gibt. So ein sog. analoges Gerät läßt Messungen in den Größenordnungen von 10 bis 100 A zu, womit alle gängigen Modellelektromotoren abgedeckt sind. Aber natürlich kann man auch das digitale Multimeter (das üblicherweise nur bis 10 A reicht) durch Zusätze quasi aufrüsten. So gibt es bei der Firma *Graupner* einen solchen »Zangen-Ampere-Meßadapter«, gedacht für berührungsfreies Messen von Strömen bis 400 A in Verbindung mit einem Multimeter-Instrument. Schließlich kann sich der stärker Interessierte auch mit Spezialgeräten im Elektronikfachhandel eindecken. Für alle Modellbauanwendungen genügt normalerweise ein gutes Multimeter (Vielfachmeßgerät). Für die Strommessungen am Elektromotor ist ein extra Instrument einfacherer Bauart ausreichend, das nur dafür eingesetzt wird. Bei diesen Motoren können höhere Ströme auftreten, die von manchem normalen Multimeter nicht gemessen werden können.

Öle, Fette, Reinigungsmittel

Erfahrene Modellbauer wissen, daß auch im kleinen gilt, was sonst hoffentlich selbstverständlich ist: »Wer gut schmiert, der gut fährt«. Also ist es unerläßlich, daß am Schiffsmodell Wartung betrieben wird. Dazu benötigt man außer Werkzeug auch Pflegemittel, Schmierstoffe und Reiniger. Dies beginnt beim Reinigen des Rumpfes (mit Spülmittel) und endet bei der Dauerkonservierung aller Metallteile fürs Einmotten über den Winter, oder gar für immer.

Ballistol ist toll

Als Dauerbrenner über Jahre hat sich in meiner Werkstatt zum Schutz, zur Konservierung und auch für manche Schmierstellen ein Spezialöl erwiesen, wie es auch beim Militär, von Jägern und in vielen Metallverarbeitungsbetrieben seit fast hundert Jahren eingesetzt wird: »Ballistol«. Dieses Öl wird zur Reinigung und eben zum Ölen von Metallen, Kunststoffen, Leder und vielen artverwandten Materialien erfolgreich benutzt. Zur Schmierung der Antriebswelle (Stevenrohr) in Booten ist es allerdings weniger brauchbar, weil Öle grundsätzlich zu schnell verlaufen. Ballistol harzt nicht, wird nicht ranzig und ist säurefrei, ja sogar zur Hautpflege und für sonstige gesundheitliche Anwendungen geeignet. Erhältlich ist es in Waffengeschäften, in einigen Warenhäusern und teilweise in Modellbauläden. Für den Normalmodellbauer genügt die kleine 50-ml-Flasche; es gibt jedoch auch Blechkanister mit 5 l Inhalt.

Werkzeugpflege und Aufbewahrung

Auch Werkzeuge sollten ab und zu gereinigt und geölt werden. In den meisten Fällen kann dazu ebenfalls Ballistol benutzt werden. Es schützt Metallteile vor Rost oder dem sog. »Anlaufen« und pflegt auch Holz- oder Kunststoffgriffe. Das geputzte Gerät hat dann am besten seinen Stammplatz in einem Werkzeugkoffer, einem Wandschrank oder einer bestimmten Schublade. Regelmäßiges Aufräumen, anläßlich der Pflegearbeiten, schadet auch nichts. Man findet seine Utensilien besser wieder, man weiß, daß nichts verlorengegangen oder defekt ist und hat beim Einsatz der Modelle (bei einer Veranstaltung oder im Wettbewerb) seine Siebensachen beisammen.

Akkus und Ladetechnik

Fahrakkus

Der wichtigste Akku im Modellbau ist bei Schiffen, Flugzeugen und Autos mit Elektroantrieb der Fahrakku. Es gibt zwei Sorten: Blei- oder NC-Akkus. Am häufigsten ist bei kleinen Booten der NC-Akku. (»NC« steht für Nickel-Cadmium – in Tabellenbüchern und in der Industrie fachsprachlich oft auch »NiCd« abgekürzt. Wegen der besseren Lesbarkeit bevorzuge ich jedoch »NC«). Üblich sind NC-Akkus mit sechs bis acht Zellen. Größere Schiffsmodelle werden auch mit mehrzelligen NC-Akkus oder großen Bleiakkus bestückt. Mit Zellen sind beim NC-Akku die einzelnen zylindrischen Akkus gemeint, die in der wiederaufladbaren Art, über die hier gesprochen wird, 1,2 V Spannung haben. Beim Bleiakku sind sie dagegen meist rechteckig und haben 2 Volt. Diesen stehen Trockenbatterien gegenüber, wie man sie im Haushalt (in der Küchenuhr) oder in Kinderspielzeug, Radios usw. findet, die aber keinesfalls mit Akkus verwechselt werden sollten! Sie haben 1,5 V Spannung und sind normalerweise nicht wiederaufladbar. Von neuerdings in der Werbung groß herausgestellten Angeboten zur Aufladung von Trockenbatterien ist wegen hoher Gesundheitsrisiken dringend abzuraten! Umgangssprachlich (und sogar in Fachbüchern) werden die mehrzelligen »Akkupacks« oft als Batterien tituliert, was meiner Meinung nach falsch ist, weil es zur Verwechslung mit Trockenbatterien führen kann. Die NC-Zellen werden fertig konfektioniert in bestimmten Bauformen und mit bestimmten Anschlußkabeln angeboten. Es haben sich dabei hauptsächlich zwei Anschlußkabel bzw. deren Stecker herausgebildet: die Japan-Norm (*Tamiya*-Stecker) und die Euro-Norm (*Graupner* und weitere; eigentliche Herstellerbezeichnung = AMP). Die Stecker aus zähem, weißen Nylon oder ähnlichen Kunststoffen haben dabei eine kurzschlußsichere Bauweise, so daß Verpolungen so gut wie unmöglich sind. Außen an Stecker und Kupplung gibt es eine Art Rippe, die sogar im Dunkeln die richtige Steckweise sichert, während innen meistens die Ecken von Stecker und Buchse entsprechend angeschrägt oder ähnlich geformt sind. Erfahrene Modellbauer sprechen von Papa- und Mamaanschlüssen. Bei *Panasonic*-Akkus sind dies AMP-Stecker (Buchsengehäuse mit Stiften = SMK; Steckergehäuse mit Buchsen = BMK). Bei den NC-Akkus selbst sind nur zwei Sorten von Bedeutung, weil alle kleineren Anbieter praktisch ihre Marktstellung verloren haben. Hauptmarken sind *Sanyo* und *Panasonic*, die sich nur unwesentlich unterscheiden, was sich bei durchschnittlicher Benutzung nicht oder kaum bemerkbar macht; selbst Experten streiten seit Jahren, welcher Akku der bessere ist. Bei den angebotenen Schiffsmodellen wird vom Baukastenhersteller oft der Akku mit vertrieben, so daß diese Frage gar keine so große Bedeutung hat. Meistens sind dann auch am Fahrtregler (Drehzahlregler) die richtigen Gegenstücke zum Akkustecker schon montiert. Oder man erhält als Zubehör Stecker bzw. Buchsen mit Kabeln, die dann »nur noch« am Fahrtregler, am Schalter oder der anderen richtigen Stelle anzulöten sind.

Nur noch selten benutzt der Schiffsmodellbauer Bleiakkus. Auf dem Bild sind zwei große 9-A-Akkus für den Antrieb und halb verdeckt der NC-Akku für die Empfängerstromversorgung zu sehen.

Die seltener eingesetzten Bleiakkus haben stets nur Anschlußfahnen, auf die passende Flachstecker aufgeschoben werden. Die Zahl der Akkuzellen (also auch die Spannung des Akkus) richtet sich nach dem Antriebsmotor und nach weiteren Gegebenheiten, wie etwa der Getriebeuntersetzung, falls ein Getriebe vorhanden ist, oder der machbaren Kühlung (die bei mehr Leistung nötig wird). Für die hier beschriebenen Modelle werden es jedoch meistens 5 bis 7-zellige NC-Akkus oder 6-Volt-Bleiakkus sein.

Sender- und Empfängerakkus

In den Fernsteuerungen befanden sich bis vor noch nicht allzulanger Zeit nur Halterungen, in die man Akkus oder Trockenbatterien einlegen konnte. Der Spannungsunterschied zwischen Batterie und Akku (1,5 zu 1,2 V) konnte vernachlässigt werden. Der einzige Vorteil dieser Ausführung war, daß man unterwegs leichter an Trockenbatterien kam als an Akkus – und daß diese eben sofort Strom lieferten und nicht erst geladen werden mußten. Nachteilig aber waren die hohen Kosten, der Wegwerfeffekt im Hinblick auf Müllprobleme und technisch vor allem die hohe Stör- bzw. Ausfallquote wegen Wackelkontakts oder fehlerhaft eingelegter Batterien. Dies war auch dann ein Problem, wenn man in diese Halterungen NC-Akkus einlegte (was ja durchaus auch vorgesehen war), die aber meist eine Idee kürzer gebaut waren (und noch sind), so daß oftmals einzelne Akkus sogar aus der Halterung fielen. Manchmal gab es quasi nur »stoßweise« Saft, nämlich immer dann, wenn man dem Sender einen Stoß versetzte – nicht gerade das Wahre...

Fertige »Powerpacks«

Inzwischen haben fast alle besseren RC-Anlagen für die Sender- und Empfängerstromversorgung fertige Akkupacks (verschweißte oder im Schlauch eingeschrumpfte NC-Zellen) vorgesehen – meist auch schon eingebaut. Leider werden diese aber manchmal noch zusätzlich berechnet – d.h. der Preis der jeweiligen Anlage erhöht sich um die Kosten für die beiden Stromquellen

Je mehr Fahrakkus ein Modellbauer besitzt, um so länger kann er fahren. Die hier gestapelten Panasonic-Akkus reichen für ein Modellbauerleben.

So sehen die im Text genannten, nicht sehr guten Halterungen für Akkus bzw. Trockenbatterien in Fernsteuersendern aus.

(Senderakku und Empfängerakku). Selbermachen lohnt trotzdem nicht, es ist zu umständlich, technisch schwierig und erfordert zu viele unterschiedliche Materialien sowie große Erfahrung in der Löttechnik. Bei einer möglichen Störung und entstandenem Schaden entsteht außerdem ein Haftungsproblem. Technisch gesehen benötigt der Modellbauneuling mindestens einen Sender- und einen Empfängerakku – im Sender mit 9,6 V, beim Empfänger mit 4,8 V. Die Kapazität der Akkus (also ihre Leistungsfähigkeit) hängt vom verfügbaren Platz und den Kosten ab (je leistungsfähiger, desto teurer und etwas größer). Meist werden es rund 600 mA (Milliampere) entnehmbare Leistung beim Empfängerakku und rund 1300 mA beim Senderakku sein. Diese Angaben sind fachlich nicht ganz korrekt, weil »Leistung« nicht in mA angegeben werden darf (Formelzeichen für Leistung ist P, entnehmbare Leistung sollte in Wh, also Wattstunden angegeben werden). Alle im Modellbau verwendeten Kapazitätsprüfgeräte zeigen jedoch den aus dem Akku entnommenen Strom in mA an. Dies ist für den Praktiker auch verständlicher. Wichtig dagegen ist, daß alle NC-Akkus schnellladefähig sind!

Ladegeräte

Die Entwicklung von Modellen mit Elektroantrieb, die allgemein verwendbar sind, wurde erst möglich durch die kompakten, schnelladefähigen Akkus auf Nickel-Cadmium-Basis. Die normal ladbaren Bleiakkus sind allenfalls in größeren Modellschiffen einsetzbar.

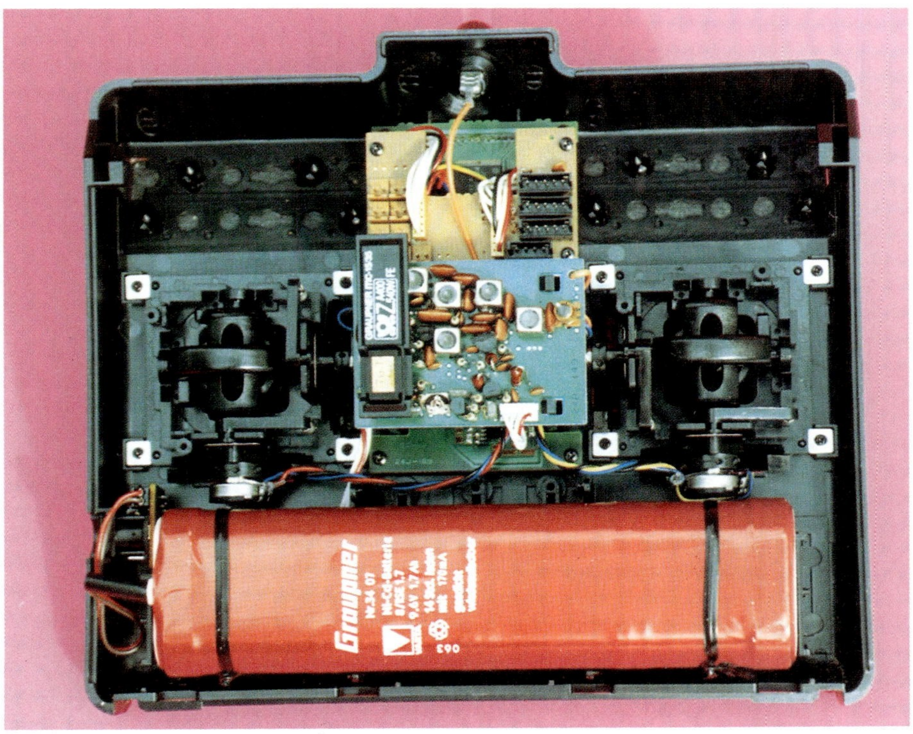

Eine Anlage mit eingebautem »Powerpack«. Das ist ein in Folie oder Schrumpfschlauch eingeschweißter NC-Akku verschiedener Leistung, meist sind es 9,6 V bei 1400 oder 1700 mAh.

Eine Edelladestation ist das Graupner Ladegerät »mc-ultra duo plus«. Es wird als Ladegerät am Kfz-Akku angeschlossen oder auch, was sehr praktisch ist, mit dem stabilisierten Netzteil zu Hause an der Steckdose.

Auch der NC-Akku ist noch immer das schwerste Teil in durchschnittlichen E-Booten, aber doch wesentlich kleiner und leichter als die alten Bleiakkus und vor allem deutlich besser zu handhaben. Außerdem kann er nicht auslaufen und gast normalerweise nicht (nur bei extremer Überladung kann es doch mal vorkommen). Da man als Anfänger oder als Normalverbraucher nicht mit superschnellen oder übergroßen Modellen startet, ist auch die Akkugröße über längere Zeit festlegbar und so auch die Art und Größe der Ladegeräte.

Welches Gerät ist richtig?

Drei Kriterien sind entscheidend. Das Ladegerät muß schnelle Ladungen ermöglichen, Zellenzahlen von 4 bis 8 Zellen verkraften und mindestens am Netzstrom (der Steckdose) anschließbar sein. Besser ist eine Kombination von Anschlußmöglichkeiten, also Netzsteckdose und 12-V-Autobatterie. Leider wird diese Kombination recht teuer, weil gute Netzgeräte mit hoher Belastbarkeit technisch aufwendig sind, vor allem wenn sie »stabilisiert« sind. Solche spannungskonstanten Netzgeräte werden für automatische Computerladegeräte benötigt – diese Lader sind allerdings schon die »Sahne« in der Modellbauwerkstatt. Ein Ausweg ist der Einsatz von zwei preiswerten Geräten (also eines für zu Hause und eines für unterwegs am Autoakku), oder der Verzicht auf die Laderei auf der freien Wiese. Da braucht man für etwas mehr Fahrspaß dann aber mindestens einen zweiten Fahrkku. Bei Preisen von maximal DM 100,- für diesen Ersatzakku ist die Wahl schwer, weil ein preiswertes Ladegerät kaum mehr kostet. Trotzdem rate ich für den Anfang zum normalen Netzladegerät zu Hause und dem zweiten Akku für unterwegs. Denn mit diesem zweiten Akku hat man draußen mehr Zeit zum Üben und bei richtiger Zeiteinteilung bei der Benutzung (z.B. Pause zum Mittagessen mit gleichzeitiger Akkuladung am Netzgerät) fast endlose Möglichkeiten. Wer mehr Geld ausgeben möchte und im Hinblick auf zu-

Ebenfalls am Kfz-Akku oder mittels Netzgerät kann der Robbe Multilader betrieben werden. Dieses Gerät zählt zu den vielseitigsten, aber auch teuersten Ladegeräten.

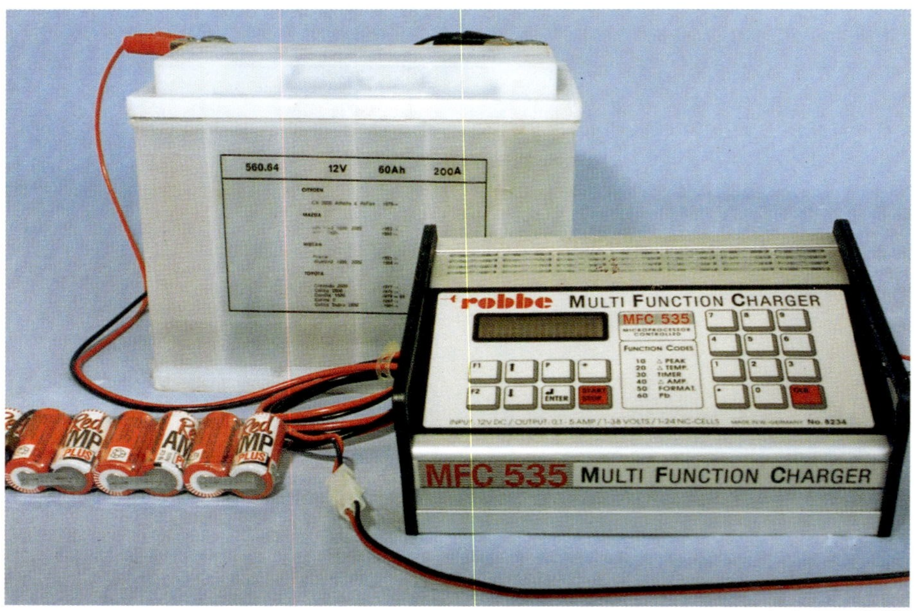

künftige Aktionen (weitere, größere Modelle) plant, ist natürlich optimal gerüstet mit einem Kombigerät mit getrenntem Netzteil (also wahlweise anschließbar am Kfz-Akku oder der Steckdose). Diese Geräte haben auch einen zusätzlichen Anschluß zum Laden von Bleiakkus.

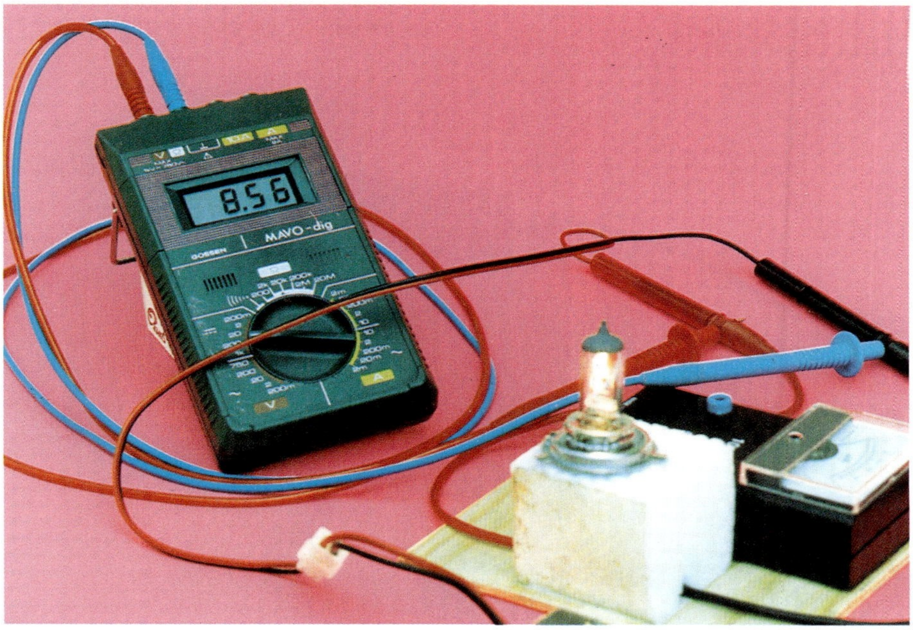

Eine einfache, aber wirkungsvolle Methode, die Akkus zu entladen, ist der Anschluß an eine Autolampe (Bilux, Halogen). Der Strom braucht nicht gemessen zu werden, jedoch die Entladespannung. Hier auf dem Bild handelt es sich um einen vollen 8,4-V-Akku.

Das richtige Laden

Geladen werden neue NC-Akkus zuerst mit einer sog. Formatierungsladung, d.h. sie werden mit einem Zehntel ihrer Kapazität (bei 1400 mAh also mit 140 mA) geladen. Diese »Normalladung« ist immer richtig für erste Füllungen oder wenn nicht exakt feststeht, wie voll ein Akku geladen ist, denn selbst bei relativ vollen Akkus schadet ein Laden mit I_{10} (= zehnter Teil des maximalen Stroms) nicht. Die Ladezeit beträgt dabei rund 16 Stunden. Automatikladegeräte prüfen den »Inhalt«, also den Ladezustand des Akkus, und laden nur kürzere Zeit, falls er noch relativ voll ist. Wer seinen Akku besser im Griff haben will, sorgt dafür, daß dieser jeweils vor Ladebeginn leer ist. Das erreicht man am einfachsten durch Laufenlassen eines Motors (aber kontrolliert, nicht endlos, sonst nimmt der Akku Schaden durch Tiefentladung), oder auch durch Anschluß an eine 12-V-Lampe. Gut geeignet sind dazu Kfz-Lampen, die man mit Fassung auf ein Brettchen montiert und ordentlich verkabelt, also mit einem entsprechenden Gegenstück zum Akkustecker versieht.

Der Memory-Effekt

Die beste Möglichkeit ist immer noch ordnungsgemäßer Betrieb, d.h. man fährt den, bzw. die jeweiligen Akkus leer, läßt sie gut auskühlen (weil sie im Betrieb ganz schön heiß werden) und lädt sie daheim umgehend wieder auf. Allerdings ist dies auch problematisch, wenn man nicht innerhalb von etwa einer Woche wieder zum Modell greift, um erneut zu starten. Denn NC-Akkus haben die Eigenschaft, sich selbst zu entladen (1 bis 2% pro Tag). Über längere Zeit (also ab einem Monat etwa) verlieren sie deutlich an Kapazität, und man hat dann auch keine Vorstellung, wie diese Akkus wieder zu laden sind. Zum sofortigen Benutzen sind sie aber auch nicht richtig geeignet, weil sie nicht mehr voll genug sind. Deshalb gehen viele Praktiker anders vor, indem sie ihre Akkus immer erst kurz vor dem Einsatz frisch aufladen. Die leergefahrenen Stromlieferanten jedoch werden in diesem Zustand, also leer, gelagert.
Ob das dem Akku schadet oder nicht, hängt von sehr vielen Faktoren ab und ist bis heute eine Streitfrage unter Fachleuten. Ja, es gibt sogar Stimmen, die behaupten, daß dies die einzig richtige Methode ist. Eine einheitliche Expertenmeinung gibt es hierzu leider nicht.
Oft wird auch vom »Memory-Effekt« gesprochen. Dieses »Gedächtnis« des NC-Akkus gibt es tatsächlich. Es bedeutet, daß der Akku durch falsches Laden und Entladen seine Leistungsfähigkeit bis auf etwa 70% (oder weniger) einbüßt und nur schwer oder gar nicht mehr zurückerhält. Auf keinen Fall darf man z.B. immer nur normalladen bzw. immer nur schnelladen. Man sollte jedoch stets nach der gleichen Methode vorgehen und diese grundsätzlich beibehalten. Entscheidend ist auch die persönliche Arbeitsweise – Leistungssportler (auch die gibt es im Modellbau) schwören jeweils auf ihre eigene, tolle Methode.

Laden-Entladen-Laden

Zurück zur Erstladung. Da gibt es schon eher eine einheitliche Meinung: Den neuen Akku mit dem jeweiligen Zehntel seiner angegebenen Kapazität 16 Stunden laden. Dann entleeren (ohne hohe

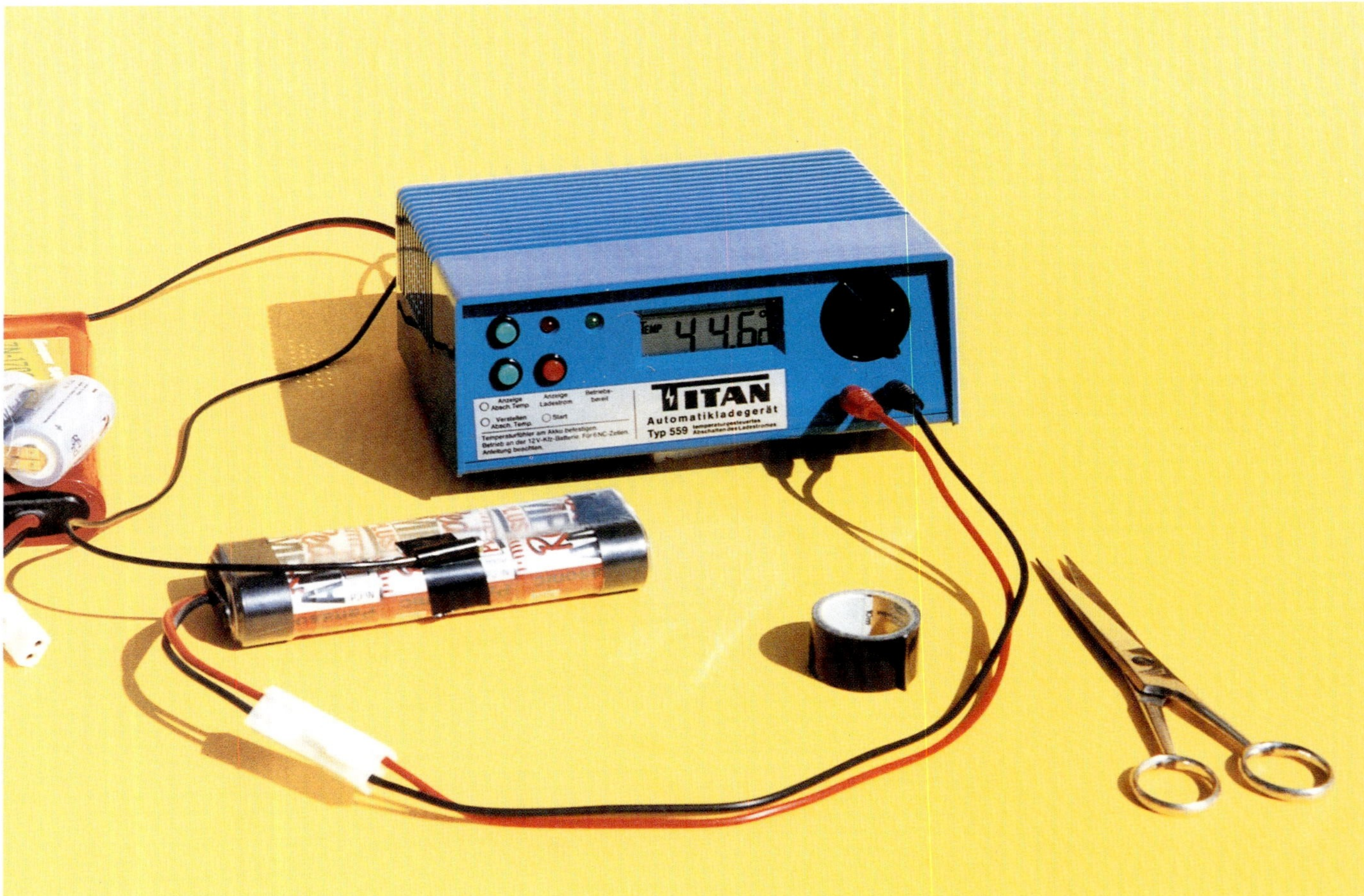

Eine weitere Lademethode ist das Laden mit gleichzeitiger Temperaturmessung. Die Meßsonde wird mit Klebeband außen auf den Akku geheftet.

Strombelastung, also quasi im Leerlauf, und nachher abkühlen lassen) und erneut laden. Nach einer weiteren Entleerung und unter Beachtung der Abkühlung jetzt mit hohem Strom schnelladen. Diese Schnelladung gibt dem Akku erst seine volle Leistungsfähigkeit. Die Höhe des Stroms hängt dabei vom Ladegerät (wieviel es »packt«) und dem angeschlossenen Akku ab. Die dreifache Menge der angegebenen Kapazität (also z.B. rund 4 A bei einem 1400-mAh-Akku) sollte man keinesfalls überschreiten – überhaupt sind 4 A immer genug und auch vom Ladegerät ist selten mehr zu schaffen. In der Praxis lädt man mit Erfolg bei rund 2,5 bis 3 A. Die Ladezeit wird je nach Kapazität errechnet, oder auch durch Prüfung der Erwärmung des Akkus festgestellt (z.B. bei Ladegeräten mit Meßsonden). Dabei sollten 45 °C nicht überschritten werden. Am besten sind auch hier wieder Automatikgeräte, ob nun mit Computer oder Temperaturkontrolle, oder einer Kombination von beiden. Die Ladezeit wird also zwischen 15 und 45 Minuten betragen, je nach Akku und Ladestrom. Als Beispiel: Ein völlig leerer NC-Akku (natürlich schnellladefähig) hat eine Kapazitätsangabe von 1700 mAh aufgedruckt. Das Ladegerät bietet an den Ausgangsbuchsen einen Strom von 3,5 A an. Geladen wird also rund eine halbe Stunde. Diese Zeit wird am Gerät mit der Schaltuhr eingestellt (falls vorhanden), oder mit jeder anderen Uhr überwacht, und rechtzeitig die Kabel wieder abgesteckt. Preiswerte Ladegeräte haben oft auch einen fest eingestellten Ladestrom von vielleicht 1 A, oder 1,2 A usw. Dementsprechend verlängert sich die Ladezeit; es bleibt jedoch immer noch eine Schnelladung. Diese Form der Akkuaufladung war früher gar nicht möglich – im Gegenteil, die meisten alten Akkumulatoren wurden dadurch gleich zerstört oder verloren sehr viel von ihrer Lebensdauer. Bleiakkus werden immer normal geladen, nach Vorschrift des Herstellers. Dazu gibt es meist einen eigenen Ausgang (Pb) am Ladegerät.

Motoren

Zwei preiswerte »Mabuchi«-Motoren mit Eisenmantel, vorbereitet für den Einbau in ein Bootsgetriebe. Die Verkabelung ist bereits werkseitig ausgeführt.

Billigmotor oder High-Tech?

Als »Billigmotor« wird in Modellbauerkreisen gerne die einfachste Version ohne Kugellagerung, ohne auswechselbare Kohlen und andere Raffinessen bezeichnet. Tatsächlich kostet so ein »*Johnson*« oder »*Mabuchi*« der einfachen Art oft keine zwanzig Mark. Und der Witz ist, daß er das Modell (meist ja auch das erste, etwas einfachere) nicht sofort erkennbar anders bewegt als der teurere Motor. Er verbraucht vielleicht mehr Strom (ziemlich sicher sogar), er stört mit mehr Funkenbildung die Empfangsanlage (auch gut möglich); er wird eventuell auch heißer und er lebt – möglicherweise – nicht so lange. Die Frage ist nur: Paßt der Motor zu meinem Modell, meiner Fernsteuerung, meinen sonstigen Arbeitsmitteln usw? Die richtige Relation sollte immer gewahrt bleiben. So kann ein »Billigmotor« durchaus seine Berechtigung im 100-Mark-Boot mit der 199-Mark-Fernsteuerung haben, mit Sicherheit aber nicht im Rennmodell und mit einer *Graupner* mc-16/20-Anlage an Bord. Da sollte dann schon ein etwas besseres Triebwerk arbeiten. Es muß ja nicht gleich der teuerste High-Tech-Motor sein. In der Preisklasse so um die DM 90,- gibt es massenhaft brauchbare Motoren. Anhand der technischen Daten läßt sich der passende für das jeweilige Modell gut feststellen; beachten muß man außer der richtigen Spannung und der Stromaufnahme (in Ampere) vor allem auch die Befestigungspunkte (Schraubenlöcher) und den Wellendurchmesser. Dieser Durchmesser muß zum im Bausatz vorhandenen Stevenrohr (der Wellenkupplung) oder zum Motorritzel (bei Getriebeantrieben) passen. Meist sind es Wellen mit 3,17 mm Ø und knapp 10 mm freier Länge. Dieser Stummel ist leider fast immer zu kurz, so daß das Zahnrad oder der Wellenmitnehmer (die Kardankupplung – das ist eine Gelenkkupplung, die schräg versetzte Wellenanschlüsse ausgleicht) oft nicht ganz auf der Motorwelle aufliegen.

Daten über die jeweiligen Motoren liefern alle Hersteller bzw. Importeure; bei *Graupner* erkennt man zusätzlich schon eine Menge am aufgeklebten Typenschild. Dort steht außer dem Namen

Eine Reihe preiswerter Motoren, wie Graupner »Speed« und »Turbo«, Simprop »Power-Speed«, Multiplex »Permax« und ein Tamiya-Motor. Der kleinste Motor (rechts unten) wird für den Antrieb von Zusatzfunktionen (Kran drehen usw.) benutzt.

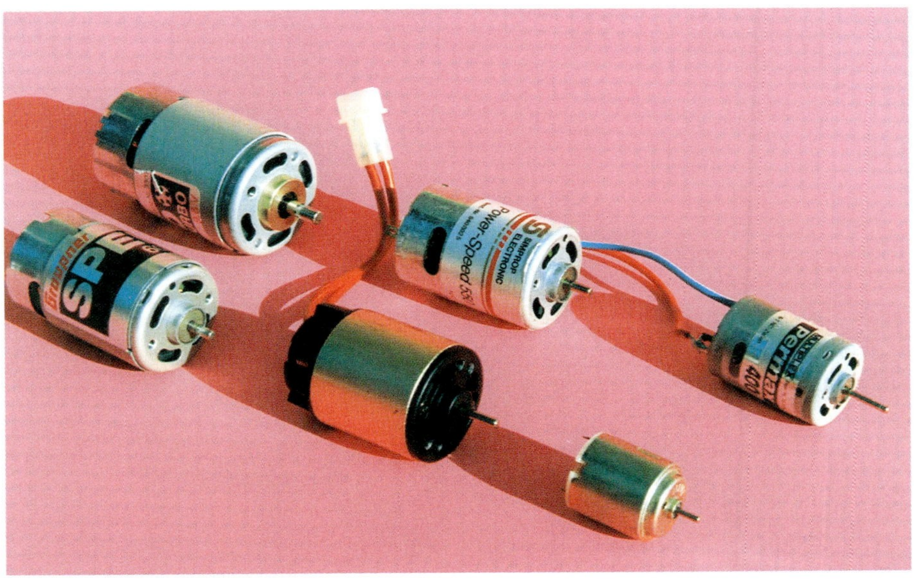

Ohne Übertreibung kann man die Elektromotoren der Reihe »Ultra« von Graupner zu den Superantrieben zählen. Auf dem Foto sind auch sehr gut die 20 Sanyozellen und der am Motor angelötete Entstörsatz (blauer Schrumpfschlauch) zu erkennen.

Einer der neuesten Elektromotoren von LRP. Er wird fertig vorbereitet für Wasserkühlung geliefert. Diese Wasserkühlung erfolgt bei E-Motoren durch eine um das Motorgehäuse gewundene Kühlschlange aus Kupferrohr oder Silikonschlauch.

(z.B. »Speed«), der beinhaltet, daß ein Metallgehäuse vorhanden ist, noch eine Nummer (z.B. 700), welche die Länge verschlüsselt (hier 70 mm) und eine Buchstabenkennung für die Zusatzausstattung, wie z.B. »BB«. Dieses »BB« steht für »ball-bearing«, d.h. kugelgelagerte Motorwelle. Dann gibt es noch »Turbo«, was bei *Graupner* so viel heißt wie »fünfteiliger Anker«, oder »Race«, für den Renneinsatz besonders geeignet.

Ultra-Motoren

Für Einsteiger ist es nur am Rande interessant, daß es heute Elektromotoren gibt, die an die Leistung von Verbrennungsmaschinen heranreichen oder diese sogar übertreffen. So gibt es bei der Marke *Graupner* eine Motorenreihe mit dem Produktnamen »Ultra«. Diese

Motoren sind Hochleistungs-Elektromotoren mit reinen Kobalt-Samarium- oder Neodym-Magneten. Man spricht dabei auch von »Seltenen-Erden-Magneten«. Die enorme Leistung dieser speziellen E-Motoren wird besonders gut im Direktantrieb eingesetzt. Da es Ultramotoren inzwischen auch mit Kühlgebläse oder Wasserkühlung gibt, werden sie auch für Elektrohubschrauber und Superrennboote verwendet. In der Normalausführung findet man sie in großen Offshore-Booten wie z.B. »Key West«, »Taifun«, »Tornado«, »Key Biscayne« und »Systems« mit bis zu 30 NC-Zellen.

Oft werden fertige Motorbefestigungen aus GFK- oder CFK-Kunststoffen im Bausatz angeboten. Das Bild zeigt den Motorspant, auf einer Holzleiste verschraubt, in der »Key Biscayne«.

Motorbefestigung

Richtiger Einbau

Die allermeisten E-Motoren werden an ihrer Stirnseite angeschraubt. Dazu ist fast immer ein Motorspant aus Sperrholz oder festem Kunststoff vorgesehen. Es gibt aber auch die Befestigung mit Schellen, mit denen die Elektromotoren auf Motorträgerleisten festgespannt werden. Dies ist oft dann der Fall, wenn die Motorträger eigentlich für Verbrennungsmotoren vorgesehen waren, aber auch um z.B. eine bestimmte Schräglage der Antriebswelle zu erreichen. Bei jeder Befestigungsart muß darauf geachtet werden, daß der Motor mit dem Stevenrohr genau fluchtet. Das gilt auch für die Verschraubung am Motorspant; dort lassen sich vom Modellbauer die Neigungswinkel nachträglich allerdings kaum verändern (weil es eine Zwei- oder Dreipunktbefestigung ist). Man muß sich dabei auf die richtige Schräglage des fertig eingebau-

Bei vielen Motorhalterungen werden die Motoren mit Spannbändern oder Schellen befestigt. In diesem Fall (»Wild Cat« von Simprop) ist eine fertige Kunststoffwanne für den Elektroantrieb vorhanden.

Beim Einbau des Antriebes, bzw. den Vorbereitungen dazu, muß man nicht nur auf exakte Längsausrichtung von Motor und Welle achten, auch die richtige Schräglage ist wichtig. Der fertig vorhandene Motorspant aus Kunststoff mit Stevenrohrhalterung ergibt hier die passende Schräge von selbst.

ten Motorspants verlassen, bzw. diesen selbst in der richtigen Schräge einbauen. Ungenauer Einbau belastet die Antriebswelle, die Lager und vor allem die Wellenkupplung. Auch sog. Kardankupplungen gleichen nur bis zu einer bestimmten Differenz diese Ungenauigkeiten aus. Je größer der Unterschied (der Versatz) ist, um so mehr wird der gesamte Antriebsstrang belastet. Dies führt zu hohem Materialverschleiß und bremst stark, so daß auch der Akku schneller leer gefahren wird. Hinzu kommen Motorerwärmung und defekte Lager der Antriebswelle, bis hin zu gebrochenen Wellenkupplungen.

Direktantrieb oder Getriebe

Viele Elektromodelle werden z.Z. mit Direktantrieb gefahren (vor allem so gut wie alle kleineren Rennboote). Bei den größeren Modellschiffen oder Hafenschleppern usw. gibt es mehr Getriebeantriebe. Auch die modernen Jetantriebe (Wasserstrahlantrieb) werden üblicherweise mit Getriebeuntersetzungen gefahren.

Getriebeformen – Zahnriemen oder Zahnräder

Als Getriebe dient oft nur eine Zahnriemenübersetzung vom kleinen Motorritzel zum größeren Zahnrad auf der Antriebswelle. Die einfache Bauform des Zahnriemengetriebes wird bei Elektroantrieben im Modellbau mit Erfolg an den unterschiedlichsten Antrieben eingesetzt. Ebenfalls mit Zahnriemen, aber als geschlossenes Getriebe, arbeiten die Übersetzungen von *Graupner* mit der Bezeichnung »Power Gear«. Im Gegensatz dazu heißen die Zahnradgetriebe von *Graupner* »Speed Gear« oder »Compact Gear«. Diese Getriebe sind für viele gängige E-Modelle geeignet.

Ein einfaches Getriebe, bei dem die Kraft des Motors von einem Messingritzel in der Mitte auf die Stirnräder aus Nylon übertragen wird.

Eine andere Form ist der zweimotorige Antrieb, bei dem zwei Ritzel ein Stirnrad in der Mitte antreiben.

Bei den meisten Booten ist das benötigte Getriebe bereits fertig im sog. »Antriebs-Set« enthalten.

Zahnradgetriebe

Bei den Zahnradgetrieben werden einfache oder mehrfache Übersetzungen zwischen Motor- und Abtriebswelle eingesetzt. Gebaut sind diese Getriebe mit ein oder mehreren Zwischenwellen oder als sog. Planetengetriebe. Die Bauform mit den Zwischenwellen erforderte bisher mehr Einbauplatz als das Planetengetriebe, bei dem die Getrieberäder um die Motorachse angeordnet sind. Inzwischen gibt es sehr kompakte Getriebe mit Zwischenwellen (die Gehäusegröße entspricht meist dem Motordurchmesser) und ebenso Planetengetriebe für höhere Leistung. Vielfach waren die früheren Planetengetriebe in einfachster Qualität (Kunststoffräder) den Belastungen der modernen Elektromotoren nicht mehr gewachsen. Die neueren Ausführungen (z.B. »Planeta« von *Robbe*) haben Stahlzahnräder, Kugellager und Dauerschmierung im völlig gekapselten Gehäuse und sind somit auf dem höchsten Stand der Modellbautechnik.

Der Wasserstrahlantrieb (Jetantrieb) aus der »Azimut« arbeitet mit 2 Motoren und Getriebeübersetzung. Die damit angetriebenen Turbinenräder erzeugen einen kräftigen Wasserstrahl, wodurch das Schiff je nach Stellung der Steuerklappen schneller oder langsamer fährt.

Am aufgeschnittenen Getriebe »Speed-Gear 400« läßt sich der Aufbau eines solchen Antriebes gut erkennen. Das Sinterlager (links) kann gegen ein Kugellager (vorne) ausgetauscht werden.

Oft sind in Schiffsmodellen aber auch Getriebe eingesetzt, die eigentlich nur aus einem Motorspant mit einer Lagerung für zwei oder drei Zwischenwellen (für die Zahnräder) bestehen, d.h. ohne Gehäuse und Dauerschmierung. Dafür gibt es manchmal eine Kombination von Zahnriemen und Zahnradübersetzungen.
Neuerdings sind die kleinen 400er Motoren immer mehr gefragt (wegen des geringen Stromverbrauchs und weil sie sehr preiswert sind), obwohl sie ohne Getriebe etwas zu wenig Leistung an die Antriebswelle abgeben. Deshalb werden jetzt schon unterschiedlichste Getriebe für mehrmotorige (mehr als zwei Motoren) Antriebe von kleinen Herstellern angeboten. Ein Getriebe für vier dieser kleinen Motoren ist z.Z. der absolute Renner.

Zusammenbau des Antriebes

Beim Zusammenbau der Antriebskomponenten wie Mitnehmer (Kardankupplung), Propeller und evtl. Getriebe gilt: Unbedingt nach Anleitung vorgehen! Falls kein Produktionsfehler vorliegt, sind die Antriebe (mit und ohne Getriebe) zwar unterschiedlich in Leistung und Ausführung, aber eigentlich alle voll funktionstüchtig. In der Praxis läßt sich nichts verändern, außer vielleicht bei der Einstellung des Zahnriemens, bei dem die Spannung verändert werden kann. Die richtige Spannung oder Lockerung des Riemens zeigt sich erst genau bei Fahrversuchen und je nach Belastung des gesamten Antriebs. Der Zusammenbau (falls überhaupt erforderlich) ist vorgegeben, Probleme ergeben sich höchstens bei Verlust von Teilen. Fast sicher ist, daß das im Bausatz angebotene Getriebe wenig oder gar nicht gefettet ist, weshalb es immer von Vorteil ist, wenn man für die Getriebezahnräder eine zusätzliche Portion Vaseline bereithält; es sei denn, es ist völlig gekapselt. Diese medizinische Vaseline, wie sie überall in Apotheken erhältlich ist, taugt hervorragend für Kunststoffzahnräder (weil chemisch neutral), aber genausogut auch für Alu oder Messing. Aber bitte nicht das Getriebe mit Fett zustopfen, es könnte sonst wieder schwergängig werden. Natürlich wäre auch Öl, speziell »Ballistol«, durchaus brauchbar, nur gibt es fast keine Getriebegehäuse im Modellbau, die gut genug abgedichtet sind, um Ölverlust zu verhindern. Deshalb ist Öl keine Lösung, weil man nicht kontrollieren kann, wieviel noch vorhanden ist, und weil damit evtl. das Fahrwasser verschmutzt werden könnte.

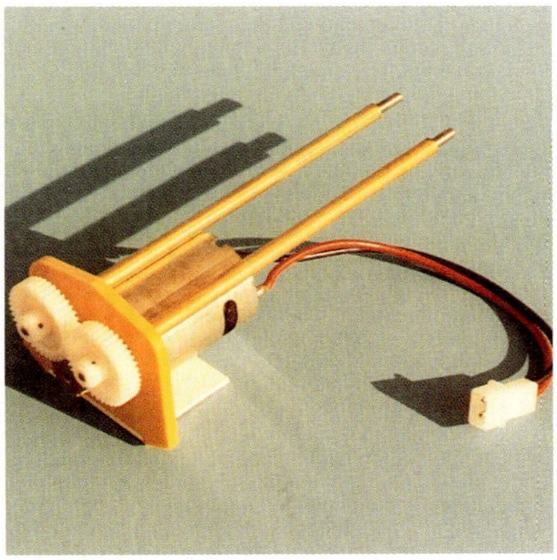

Ein einfaches, fertiges Getriebe, bei dem ein Motor zwei ebenfalls fertig montierte Stevenrohre antreibt.

Propeller und Stevenrohr

Die Schiffsschraube, oft auch nur als »Schraube« oder »Propeller« bezeichnet, sorgt beim Motormodell für den nötigen Vorschub. Die Propeller sind überwiegend aus Kunststoff (Nylon, Glasfaser, Kohlefaser) vorgefertigt, meistens als Antriebsset erhältlich (da ist dann oft auch der Motor und der Fahrakku mit dabei) oder können einzeln gekauft werden. Bei der Montage ist nur darauf zu achten, daß der Propeller mit einer Mutter auf der Welle gut gekontert (gesichert) wird. Alle Schiffspropeller werden mit einem Innengewinde (manchmal ist es ein sog. Fein-

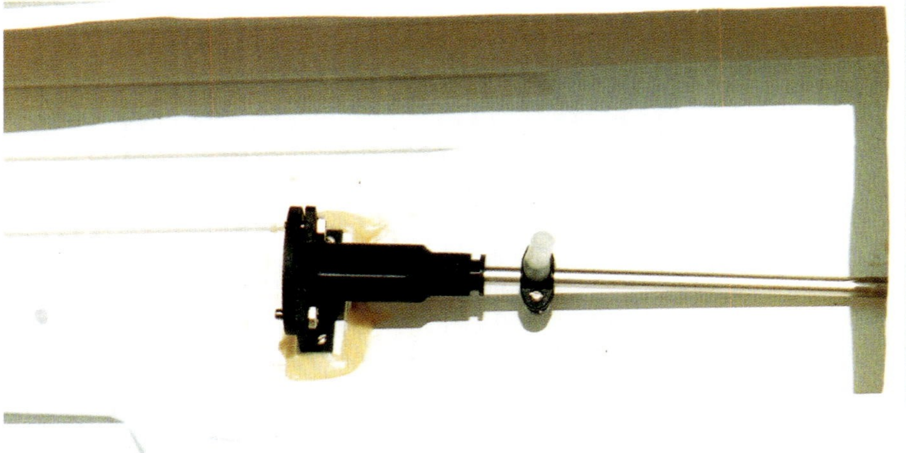

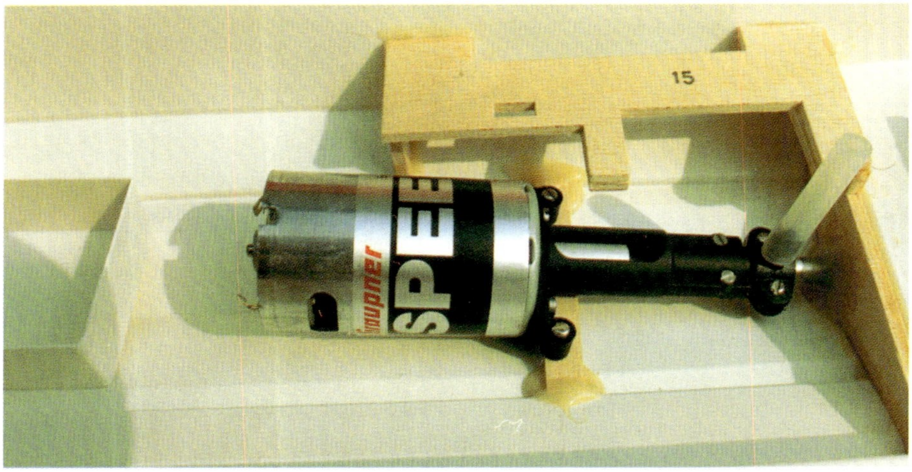

Zum Schmieren der Schiffswellen werden meistens kleine Kunststofflagerböcke mit Einfüllstutzen als sog. Öler verwendet. In diese Stutzen – der abgebildete wurde noch mit einem Stück Schlauch verlängert – kann Öl eingefüllt werden. Wegen der möglichen Umweltbelastung ist das Schmieren der Schiffswelle mit Fett vernünftiger (es verläuft nicht). Allerdings sind diese Miniöler dafür kaum geeignet. Deshalb ist es besser, das Wellenfett schon vor dem Zusammenbau ins Stevenrohr zu füllen.

gewinde – das ist ein Gewinde mit sehr vielen Gängen pro cm Länge) auf das Ende der Antriebswelle geschraubt.
Ein kleiner Tip zur Langzeitpflege:
Man muß immer wieder mal prüfen, ob die Schraubenblätter Risse oder Einkerbungen aufweisen. Wegbrechende Teile können sehr viel Unheil anrichten, zumindest ist das Boot nicht mehr richtig fahrbar. Der meist graue oder schwarze Kunststoff (Nylon) des Propellers neigt auf lange Sicht zum Austrocknen, so daß Profis ihre Boote in großen Abständen immer wieder mal ein paar Stunden ins Wasser (Badewanne) legen. Angeblich hält das Blatt dann länger und bleibt elastischer. Natürlich hilft dies nicht bei CFK(Kohlefaser)- oder GFK(Glasfaser)-Schiffsschrauben.

Gute Lagerung – der Öler

Normalerweise läuft die Antriebswelle nicht in einem extra Kugellager, nur bei längeren (verlängerten) Motor- bzw. Antriebswellen ist eine zusätzliche Lagerung empfehlenswert. Für diesen Zweck gibt es auch noch Kombinationen von Lagerbock und Öler, so daß die richtige Lagerung und gute Schmierung gewährleistet ist. Der Begriff »Öler« ist nicht absolut richtig, weil es sich eigentlich um einen »Schmiernippel« handelt, also einen Aufsetzpunkt für die Fettpresse. Diese Fettpresse ist eine Art Handpumpe, mit der Wellenfett in das Stevenrohr eingedrückt wird. So wird sichergestellt, daß die Stahl-Antriebswelle im Messing-Stevenrohr gut geschmiert läuft und kein Wasser durch das Rohr ins Bootsinnere eindringt. Eine gute, evtl. mehrfache Lagerung sollte stets angestrebt werden, weil alle beweglichen Teile durch Reibung abgebremst werden; sie erwärmen sich und verschleißen schneller. So gesehen, sollte die optimale Lagerung von Wellen bei allen Antriebsarten, und natürlich auch bei den Motoren, selbstverständlich sein. Leider gilt das bislang nirgendwo, auch nicht im Modellbau. Aber die Qualität nimmt zu, d.h. es werden immer mehr und immer bessere Lager eingebaut.
Mindestanforderung beim Modellboot sind Gleitlager aus Kunststoff oder Bronze. Diese beiden Sorten zeigen kaum Unterschiede, allenfalls ist das Nylonlager anfälliger gegen falsches Fett oder Öl (viele Öle und Fette greifen Kunststoffe an). Besser und immer häufiger vertreten sind natürlich Stahlkugel- oder -nadellager. Die qualitative Steigerung ist dann noch das gekapselte Kugellager, also eines, bei dem die Kugeln seitlich durch Abdeckringe geschützt sind. Solche Lager sind inzwischen bei vielen Getrieben und Antriebswellen üblich. Qualitätsunterschiede der Baukästen zeigen sich höchstens noch bei der eingesetzten Anzahl der Kugellager.

Es wird gebaut

Wenn Sie die bisherigen Kapitel gründlich studiert haben, müßte Ihre Entscheidung für oder wider Holzmodelle und für oder wider Materialsammlungen gefallen sein. Natürlich können Sie auch mit einem ganz einfachen, kleinen Holzboot (ohne Fernsteuerung, z.B. als Standmodell) anfangen, um die Verarbeitung von Holz im Bootsbau (vom Schnitzen bis zum Spantbau) ohne hohe Kosten zu erlernen. Meist wird man aber doch ein etwas »erwachseneres«, ernsthaftes Modell suchen. Dafür eignen sich hervorragend die einfachen Kunststoffboote, wie sie hier im Buch beschrieben oder abgebildet sind.

Von einer Zeichnung wird das Profil des Schiffsrumpfes auf Sperrholz übertragen (durchgepaust) und mit der Laubsäge ausgesägt. So entstehen die Seitenwände eines Schiffsständers.

Der Bootsständer

Unter dieser Bezeichnung versteht man ein Gestell aus Holz, Kunststoff oder Metall, das als Auflage für das Schiffsmodell dient. Es gibt die unterschiedlichsten Arten, meist in Eigenbau erstellt. Vielleicht wären nicht ganz so viele Eigenbauten dabei, wenn in den Baukästen häufiger fertige Bootsständer oder wenigstens das Material dafür beiliegen würde. Diese »Sparmaßnahmen« fast aller Anbieter sind unverständlich, weil jeder, der mit Modellschiffen zu tun hat, weiß, daß man sein schön lackiertes Boot nicht einfach in den Uferkies schmeißt. Auch Lehm- oder Grasspuren machen sich nicht gut auf einem brillantweißen Modellrumpf. Und das ist noch nicht alles. Mit Sicherheit gibt es tiefe Kratzer oder die Schiffswelle und der Propeller werden verbogen. Schließlich ist ein Probelauf für Wartungsarbeiten usw. ohne das Aufbocken des Modells unmöglich. Ein Bootsständer muß also sein! Bei großen Segelschiffen ist er meist klappbar, ähnlich einem Campingsessel (oft ist es sogar so ein Stuhl), der so hoch sein muß, daß der lange Bleikiel des Segelschiffs herunterhängen kann, ohne am Boden aufzustoßen. Bei größeren Motorschiffen werden stabile Gestelle aus Holz verwendet, die kleineren Boote liegen ab und zu auch auf Kunststoffleisten. Diese Kunststoffbootsständer sind häufiger in den Baukästen zu finden.

Alle anderen müssen meist selbst angefertigt werden. Der Modellbauer muß froh sein, wenn er dafür wenigstens eine Zeichnung oder Schablone im Baukasten vorfindet. Je nach Größe und Gewicht des Bootes wird man unterschiedlich dicke Sperrholzplatten als Seitenwände und verschieden starke Kiefernleisten als Verbinder verwenden. Für mittlere Bootsgrößen empfehle ich Sperrholz der Stärke 2 bis 4 mm und Kiefernstäbe in rechteckiger Form, z.B. 5 x 10 oder 5 x 20 mm. Die Länge der Stäbe richtet sich nach der Länge des Bootsrumpfes. Die Form der Seitenteile wird vom Plan abgenommen und beim Zusammenbau des Bootsständers die Seitenteile unter dem Bootsrumpf so lange hin und her geschoben, bis der Rumpf genau in die Konturen der Sperrholzplatten paßt. Diese Stellung wird markiert, damit die Platten an der richtigen Stelle mit den Stäben verleimt werden können. Zum Austrocknen stelle ich Bootsständer mit Boot (und evtl. Bleiakkus als Gewicht) stets auf eine ebene Platte und lasse diese Konstellation nach einem letzten Ausrichten aller Teile dann völlig in Ruhe. Natürlich müssen vorher alle Arbeitsschritte ausgeführt sein, so daß am fertigen Bootsständer später nur noch Lackierarbeiten (Grundierung und evtl. Farblack) durchgeführt werden.

Ein klappbares Holzgestell, ähnlich einem Klappstuhl, ist die ideale Auflage für Segelyachten mit langem Bleikiel.

Fertige Bootsständer aus Kunststoff, auf Holz getrimmt, gibt es überwiegend bei Schiffsmodellen aus Fernost. Das hier gezeigte Modell »Sea Dagger« beeindruckte insgesamt durch komplette Vorfertigung, einschließlich fertiger RC-Platte und sehr schöner Beschlagteile.

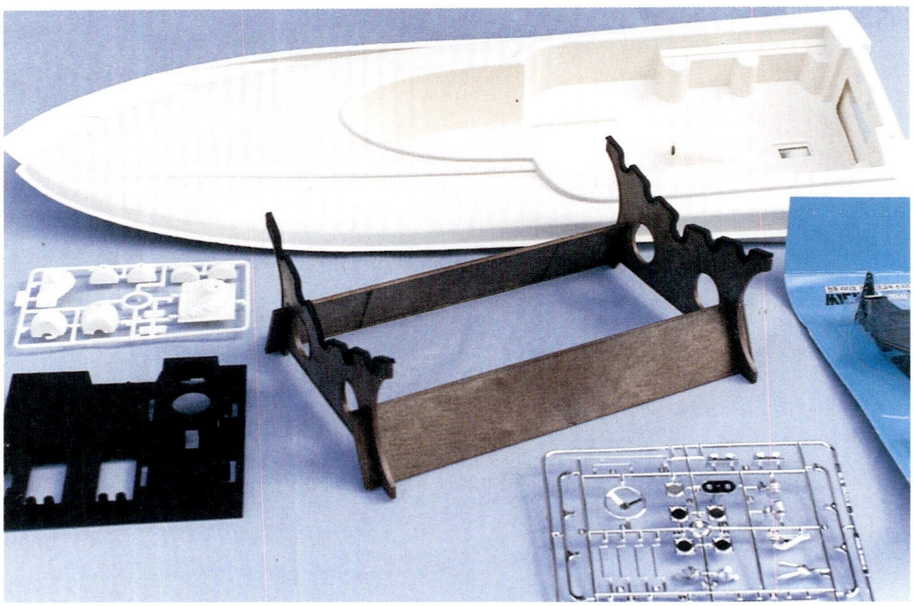

Rumpfmaterial

Die Schiffsrümpfe aller modernen Modelle bestehen nur noch aus drei Materialien (Holz, ABS, GFK) oder einer Mischung dieser Werkstoffe. Beim Holzbau sind es üblicherweise Sperrholzspanten, die mit Leisten oder Furnieren beplankt werden – eine sehr aufwendige, schwierige Arbeit, die den Profis vorbehalten ist. Ebenfalls schon eher etwas für den erfahrenen Modellbauer ist GFK (Glasfaserkunststoff), der auch schwieriger zu bearbeiten ist als z.B. das am meisten verbreitete ABS (Acrylnitril-Butadien-Styrol). ABS ist ein in der Modellbauindustrie äußerst vielfältig einsetzbarer, nicht mehr wegzudenkender thermoplastischer Kunststoff, der unter Markenbezeichnungen wie »Perfekt«, »Plura« usw. geläufig ist. Es läßt sich mit etwas Übung gut verarbeiten (Schneiden, Ritzen, Schleifen und schließlich Kleben) und ist gegenüber vielen anderen Materialien schon aufgrund seiner sehr glatten, weißen Oberfläche im Vorteil. Der Modellbauer braucht seinen Bootsrumpf nicht mehr zu lackieren, wenn er keine Möglichkeit (Arbeitsplatz) dazu hat. Viele Einsteiger im Modellbau schrecken speziell vor den schwierigen Lackierarbeiten an manchen Modellen zurück. Da sind ABS- oder Polystyrolteile (die oft schon eingefärbt sind) eine große Erleichterung. Auch bunte Dekorfolien lassen sich auf den glatten Oberflächen gut anbringen, so daß man relativ leicht ein ansehnliches Modell erhält.
Ein weiterer Vorteil des Kunststoffes gegenüber der Holzbauweise ist die fertige Formgebung. Meist muß nur an den Schnittkanten nach dem Heraustrennen aus der Form noch etwas nachgearbeitet (verschliffen) werden. Die eigentliche Formgebung jedoch hat die Tiefzieh- oder Spritzmaschine bereits bei der Kunststoffverarbeitung übernommen. Als Minuspunkt wäre bei diesen Chemiematerialien nur die evtl. Umweltschädlichkeit (bei der Herstellung) und

das schwierige Recycling zu nennen. Auch eine gewisse Empfindlichkeit gegenüber falschen Lacken, Benzin oder Öl (bei Reinigung und Wartung) sind von Nachteil, ebenso die sehr schwierigen Reparaturen von falsch bearbeiteten Teilen (z.B. verschnittenen oder gebrochenen Stanzmustern). Auch Deformationen der Bauteile (Blasen, Löcher oder Beulen) durch falsche Kleber sind möglich. Da ist Holz einfach leichter zu handhaben.

Die verschiedenen ABS-Teile entstehen in der Tiefziehpresse. Dabei werden Kunststoffplatten unter hohem Druck und Wärmeeinwirkung über Metallguß- oder Holzformen gezogen.

Rumpfformen

Ein weiterer Vorteil des ABS-Kunststoffes ist dagegen wieder seine gute Verformbarkeit. Dies macht es möglich, daß auch kleine Anbieter die unterschiedlichsten Arten und Formen von Schiffsrümpfen herstellen können. Dazu genügt eine Tiefziehpresse, in der eine ABS-Platte unter bestimmtem Druck und Wärmeeinwirkung über eine Holz- oder Metallform gezogen wird. So entstehen z.B. dickbauchige Motorschlepper, die schlankeren, langen Rümpfe von Yachten oder die keilförmigen Pfeile der Off-shore-Rennboote.

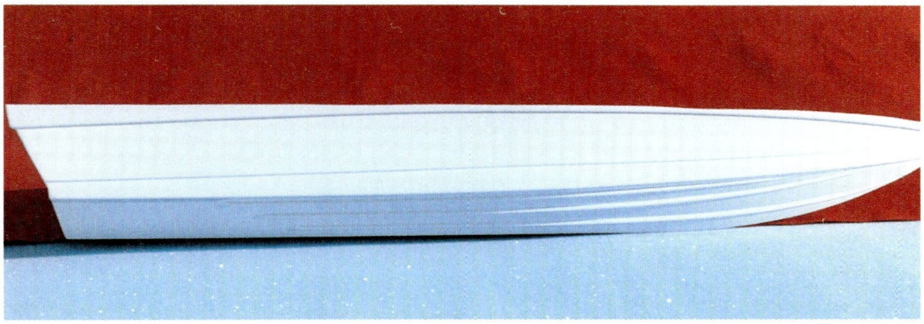

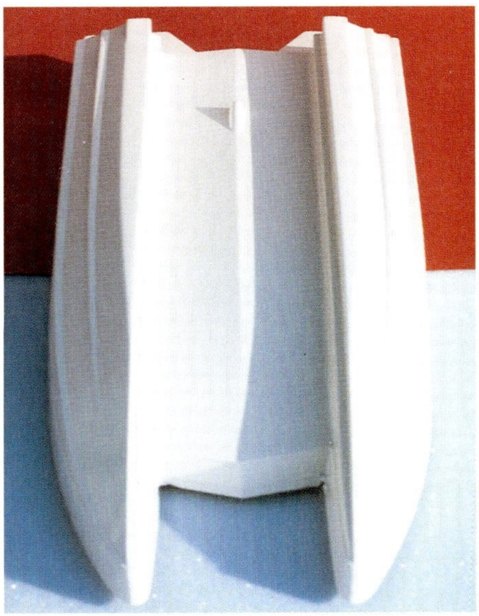

Verschiedene Rumpfformen aus ABS-Kunststoff, am Beispiel der Modelle »Tön 12«, »Key Biscayne«, »Eco Speed« und »Key West«.

Holzspantenmodelle

Einige Einbauten wie z.B. Spanten, Motorsockel, Servoplatte, Verstrebungen, Akkuhalterungen und oft auch das Bootsdeck sind sogar bei den »Kunststoffbooten« immer noch aus Holz. Wegen dieser Sperrholzteile spricht jedoch niemand von einem »Holzmodell«. Dieser Begriff wird tatsächlich nur auf Schiffe oder Boote angewendet, die überwiegend oder ganz aus verschiedenen Hölzern aufgebaut sind. Solche Boote sind oft reine Eigenbauten (nach vorliegenden Plänen) oder auch Bausätze, wie sie von so bekannten Firmen wie *billing boats* (in Deutschland bei *Simprop*) angeboten werden. Sehr häufig finden sich diese Holzbauten bei den sog. »Standmodellen«. Gemeint sind Schiffe ohne Fernsteuerung und Antriebsmotor, die als Dekoration in die Glasvitrine oder auf den Schreibtisch im Arbeitszimmer gestellt werden. Ab und zu findet man sie auch noch auf dem Fernseher, obwohl dort eigentlich überhaupt keine Gegenstände wie Modelle, Blumenvasen usw. etwas zu suchen haben.

Diese Dekorationsmodelle sind überwiegend historische Schiffe, wie z.B. die Dreiergruppe (Santa Maria, Nina und Pinta), mit der Kolumbus Amerika entdeckte, u.v.a. Je fanatischer ein Modellbauer sein Hobby betreibt, um so genauer möchte er alle Details am Modell wiedergeben. Deshalb wird großer Wert auf Präzision und originalgetreue Ausführung gelegt. Diese Modellschiffe werden wie ihre Vorbilder in reiner Holzbauweise gefertigt, d.h. es werden beim Rumpfbau Spanten in einer Helling aufgestellt, mit Beplankungen (oft sogar zweifach) aus Spezialhölzern (Leisten oder Furniere) beklebt und anschließend auf exakte Form zugeschliffen. Diese Holzspantenbauweise ist sehr zeitaufwendig, erfordert viel Erfahrung und eine sehr gut ausgerüstete Werkstatt. Ich kenne Modellbauer, die auch RC-Boote z.B. ganz aus Mahagoni (mit Messingbeschlägen) und einem adäquaten Dampfantrieb bauen. 2500 Einzelteile und 500 Arbeitsstunden sind da keine Seltenheit. Für den Einsteiger in den Schiffsmodellbau ist dies nicht nachvollziehbar, und bei motorgetriebenen RC-Booten hat es der Normalmodellbauer mit den Bausätzen der einschlägigen Hersteller einfacher. Auch dort gibt es noch genug Arbeit, ob beim Kunststoff oder an den Holzteilen.

Ob am offenen Kamin, im Arbeitszimmer, in der Bücherwand oder der Glasvitrine, überall machen sich historische Standmodelle gut als Dekoration.

An diesem kleinen Holzmodell von »billing boats« ist die Spantbauweise recht gut zu erkennen.

Wo wird noch Holz eingesetzt?

Am gängigsten ist bei den modernen Kunststoffmodellen eine gemischte Bauweise, bei der der Rumpf aus ABS besteht (mit diversen Kunststoff- oder Holzeinbauten) und die Aufbauten (Kajüte usw.) entweder aus zusammengeklebten ABS-Tiefziehteilen oder verleimten Holzteilen (meist Sperrholz). Dabei müssen die Holzteile sehr oft noch mit der Laubsäge (oder der Vibrosäge – das ist eine Motorlaubsäge) aus den Platten herausgetrennt werden. Falls die Konturen schon auf den Brettchen aufgedruckt sind, hat man einen »normalen« Bausatz vor sich; muß die Form erst aufs Holz übertragen (durchgepaust) werden, ist es ein schwieriger Bausatz. Wirklich gute Hersteller haben ihre Bausätze mit ausgestanzten, fertig ausgesägten oder gar wasserstrahlgeschnittenen Holzbauteilen bestückt. Mit solchen exakt verarbeiteten Sperrholzteilen läßt sich natürlich viel sauberer und schneller arbeiten. Die seit einiger Zeit aufgekommene Technik, Modellbauteile mit Laserstrahl »auszusägen«, wurde weitgehend wieder aufgegeben, weil die dabei entstandenen schwarz verbrannten Ränder unschön und störend wirkten. Auch ließ sich derartiges Holz nur schlecht verleimen, weil die Schnittkanten einen glasigen Überzug hatten.

Bei den vorbereiteten Montageplatten für den Fernsteuerungseinbau gibt es immer etwas zusätzlich zu sägen, weil nie die genau passenden Servos vorliegen. Mancher Anbieter legt diese Platinen deshalb ungestanzt in den Bausatz oder mit wesentlich kleiner ausgesägten »Fenstern« (für den Servoeinbau). Andere wählen bei den vorbereiteten »Löchern« eine Mittelgröße, so daß mehrere Servos verschiedener Hersteller zwar hineinpassen, aber keines exakt sitzt. Dies ist heute die verbreitetste Art; der Modelbauer muß seine Rudermaschinen (Servos) etwas hin- und herbewegen, um den besten Platz zum Verschrauben zu finden. Man versucht dabei, die Position der Bohrlöcher für die Servobefestigungsschrauben (Holzschrauben) so zu legen, daß noch genug Holzrand auf allen Seiten des Servos bleibt, damit die Schrauben nicht schon beim ersten Festziehen ausreißen.

Das Zusammenbauen der Decksaufbauten aus Holz erfordert bei größeren RC-Schiffen oft genauso viel Arbeit, wie manches kleinere, ganz aus Holz hergestellte Schiff.

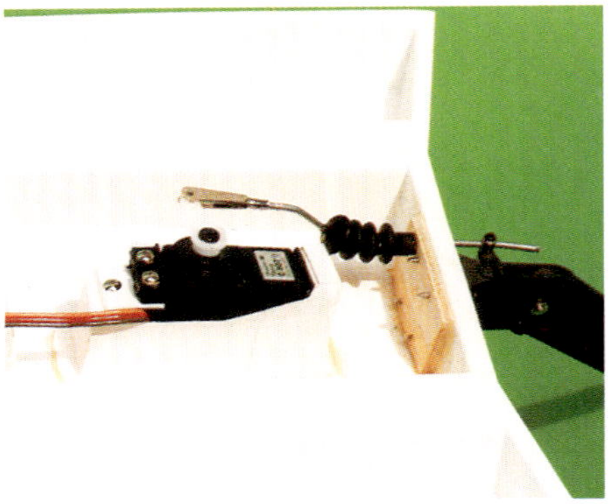

Alle Kunststoffboote haben als Verstärkung an der hinteren Rumpfwand eine Sperrholzplatte, den sog. Heckspiegel.

Außer diesem Heckspiegel, an dem hier beim Modell »Tornado« die Bohrlöcher für den Hydroantrieb angebracht werden, sind oft schon einige Verstärkungsleisten oder Holzspanten im Rumpf eingeklebt.

Außer den Einbauplatten für die RC-Anlage und evtl. für den Motor (was schon seltener ist), gibt es bei den modernen Kunststoffbooten meist eine Verstärkungsplatte für die Rückwand des Rumpfes, den sog. Heckspiegel. Auch diese Platte ist eigentlich immer aus Sperrholz. Sie wird flach auf die innere Bootswand gelegt, falls nötig zugeschliffen, und mit einem Zweikomponentenkleber (ich empfehle »Stabilit express« von *Henkel*) angeklebt. Bis zur Austrocknung ist die Klebestelle durch kleine Schraubzwingen oder mehrere, neue und kräftige Wäscheklammern zu sichern. Wichtig ist dabei, daß diese Klammern oder Zwingen nicht mit Kleberresten in Berührung kommen, weil sie sonst mit verklebt werden. Ein Bootsrumpf mit fest montierten Wäscheklammern sähe doch etwas merkwürdig aus. Weitere Holzteile sind einzelne Spanten und Leisten, damit der meist dünne Kunststoffrumpf mehr Festigkeit erhält und formstabil bleibt.

Noch seltener ist bei den kleineren und mittleren Bootsgrößen (bis zu 70 cm Länge) ein Deck aus Holz, weil diese Rümpfe oft aus einem Stück aus Kunststoff geblasen oder vom Anbieter aus zwei tiefgezogenen Teilen schon werkseitig verklebt werden. So erhält der Modellbauer oft einen fertigen Bootsrumpf, in dem »nur« noch die oben genannten Einbauten anzubringen sind.

Wichtige technische Ausführungen

Segelschiffe

Die schönste Form des Modellschiffs ist für mich das Segelschiff. Es gibt eine ganze Anzahl unterschiedlichster Modellsegelschiffe für Fernsteuerungsbetrieb. Allen gemeinsam ist, daß sie sich gar nicht oder nur bedingt für den Anfänger eignen. Das liegt an folgenden Punkten:

– Der Aufbau eines Segelboots, einschließlich der Takelung, ist schwierig, selbst wenn viele fertige Teile beiliegen. Da hilft es auch nur wenig, daß z.B. das (oder die) Segel schon fertig genäht sind, weil diese Segel eben noch richtig aufgezogen und verspannt werden müssen.

– Der Einbau und Betrieb einer Segelwinde (einschließlich aller richtig laufenden Seile) ist ebenfalls dem erfahrenen Modellbauer vorbehalten.

– Sollte es ein Einsteiger doch schaffen, das Boot fahrfertig aufzubauen, wird er spätestens beim Fahren die ersten Probleme bekommen. Entweder das Boot bleibt irgendwann weit draußen auf dem See liegen (nur die allerwenigsten Modellsegelschiffe haben einen »Flautenschieber«, d.h. einen Hilfsmotor) oder es ist nicht beherrschbar, weil es

stets in die falsche Richtung fährt, zu kentern droht, usw. Bis ein Einsteiger die richtige Bedienung beherrscht, wird er mit Sicherheit sein Schiff erst einmal umwerfen (kentern lassen) oder sogar versenken. Am gefährdetsten sind da die Mehrfachrumpfboote, wie Katamarane und Trimarane, die jedoch wiederum zu den schönsten und schnittigsten Modellen zählen. Also abwarten, mit »normalen« Schiffen üben, Erfahrung sammeln und vielleicht als drittes oder viertes Modell einen Segler bauen.

Zu den schönsten RC-Schiffsmodellen zählen eindeutig die Segelyachten. Ob sie als Rennyacht wie Robbes »Pirol«, als klassische Hochseeyacht wie die »Fairwind« von Kyosho oder als Zweimastschoner »Atlantis« gebaut sind, spielt dabei keine Rolle.

Die Motorschiffe (also Modellboote oder Modellschiffe mit Antrieb) gliedern sich in die unterschiedlichsten Formen, wie Hafenschlepper, Containerschiffe, Dampfer (z.B. auch mit Seitenradantrieb), Motoryachten, Bohrinselversorger, Schleppverbände und last but not least natürlich massenweise Rennboote. Es gibt auch noch Sumpfgleiter, Hovercrafts, Wassermotorräder, Tragflügelboote, U-Boote und viele andere Sondermodelle nach existierenden Vorbildern oder auch reine Fantasiegebilde.

Für den Einsteiger gilt: keine Experimente!

Das heißt: Am Anfang nur Bausätze von vernünftigen (normalen) Modellen auswählen. Wie schon weiter oben (bei den Segelschiffen) erwähnt, sollte man sich anfangs nicht an exotische Modelle

Ostermontag bei 4 °C und leichten Schneeschauern: J.R. Binternagel von einem Augsburger Tauchclub holt die Segelyacht »Delphin« eines Modellbauers nach einer Stunde Tauchen aus dem eiskalten Wasser des Kaisersees.

Motorschiffe

Als Motorschiff wird im Grunde alles bezeichnet, was irgendeinen maschinellen Antrieb besitzt. Dies kann ebenso eine Dampfmaschine sein, wie ein Elektro- oder Verbrennungsmotor (Glühzünder oder Benziner). Die hier überwiegend beschriebenen Modelle sind mehr Motorboote und weniger Motorschiffe, die Trennung ist jedoch eher fließend und nicht so scharf abgegrenzt wie bei den Originalen. So würde wohl kaum jemand auf die Idee kommen, das Schleppermodell »Pollux« von *Graupner* mit einer Länge von 35,8 cm als Schiff zu bezeichnen, genaugenommen ist es jedoch ein großes Schiff und kein Boot. Umgangssprachlich wird man allerdings immer wieder den Begriff »Modellboot« hören und selbst gebrauchen.

heranwagen, weil dies mit Sicherheit mit einem Fiasko endet. Zuviel Arbeit, Zeit, Material und Geld geht dabei verloren und die Einstellung »pro Modelbau« ist mit Sicherheit futsch. Beginnt man dagegen mit relativ einfachen, brauchbaren Motorbooten und steigert dann nach und nach sein Können (beim Bauen ebenso wie beim Fahren), ist der Schiffsmodellbau ein Hobby fürs ganze Leben. Der richtige Weg ist sicher der Beginn mit einem Boot mit Elektroantrieb, am besten noch mit einem etwas langsamer fahrenden Modell wie einem Hafenschlepper. Ein putziges kleines Schleppermodell ist der »Pollux«. Dieses Miniboot von *Graupner* ist für erste Versuche aus mehreren Gründen recht gut geeignet. So ist es ein Bausatzmodell in bewährter Ausstattung (also mit ausführlichem Plan und Anleitung), mit vorbereiteten Teilen in Gemischtbauweise (Holz und ABS), dabei nicht zu teuer und auch für Kinder brauchbar, weil es auf kleinsten Gewässern gefahren werden kann. Es ist ein typisches Schleppermodell, also nicht sehr schnell, entwickelt jedoch mit dem Getriebeantrieb recht viel Kraft. Die verschiedenen

Das Dampfschiff »Glasgow« auf dem Main in Würzburg.

Feuerlöschboote zählen zu den beliebtesten Modellen, nicht umsonst deshalb, weil man mit den Löschmonitoren die Zuschauer am Ufer so schön anspritzen kann.

Der Minischlepper »Pollux« von Graupner ist auch deshalb ein ideales Einstiegsmodell, weil er von Kindern im flachen Wasser gefahren werden kann.

Kleinere Bauteile aus ABS werden vorzugsweise mit Aceton verklebt.

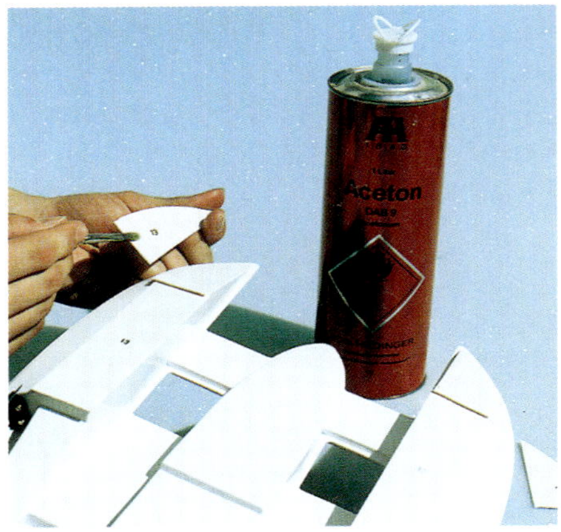

Materialien bieten die Möglichkeit, das Bearbeiten von Holz und ABS (Ausschneiden, Sägen, Schleifen) und die Weiterverarbeitung (Kleben, Lackieren) zu üben bzw. erst einmal zu lernen. Man merkt recht schnell, wo es besser ist, das Kunststoffmaterial (ABS) einzuritzen und abzubrechen, anstatt zu sägen oder zu schneiden. ABS läßt sich nämlich nur bedingt sägen (man benötigt Schmierung und Kühlung, wie z.B. Seife, weil sonst die Schnittstelle wieder verschmilzt) und auch nicht immer mit der Schere schneiden (es kann einen Grat oder abgeknickte Schnittkanten geben). In der Regel ist die beste Methode das Einritzen (mehrfach) mit einem scharfen Messer (Skalpell oder Cutter) und das anschließende Herausbrechen der eingeritzten Teile. Diese Arbeit kann nur mißlingen, wenn nicht tief genug eingeritzt wird oder die Form zu viele Ecken und Krümmungen aufweist.
Auch das Verkleben von ABS läßt sich an einem einfachen, kleinen Bausatz wesentlich leichter erlernen als an sehr vielfältigen, großen und schwierigen Schiffen. So wird es häufig besser sein, für die Verklebung von ABS mit Aceton (aus der Apotheke oder dem Malerbedarfshandel) zu arbeiten, weil Aceton bei kleinen Bauteilen sehr fein mit Pinsel oder Pipette aufgetragen werden kann. Ähnliches gilt für die ersten Versuche mit den Zweikomponentenklebern, die man bei der Gemischtbauweise (Holz/Kunststoff oder Metall/Holz/Kunststoff) grundsätzlich benötigt. Natürlich ist da der Miniaturschlepper »Pollux« nicht das einzige brauchbare »Übungsmodell«, aber mit irgendeinem Bausatz muß man ja schließlich anfangen. Der erwachsene Einsteiger ins Hobby Schiffsmodellbau wird sich vielleicht mit solchen kleinen Booten etwas läppisch vorkommen und gleich die große Herausforderung suchen. Solches Denken führt dann zu Fehlkäufen, man schleppt eine riesige Schachtel mit dem Modell eines Bohrinselversorgers oder der Megayacht

Der Kunststoff ABS läßt sich mit der Schere gut schneiden, wenn ausreichend Materialüberstand vorhanden ist.

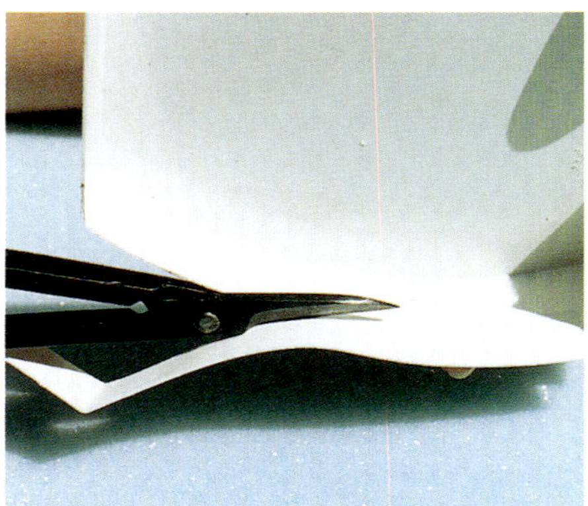

Durch mehrfaches Einritzen an der vorgesehenen Schnittkante, läßt sich das Herausbrechen der kleinen Kunststoffteile vorbereiten.

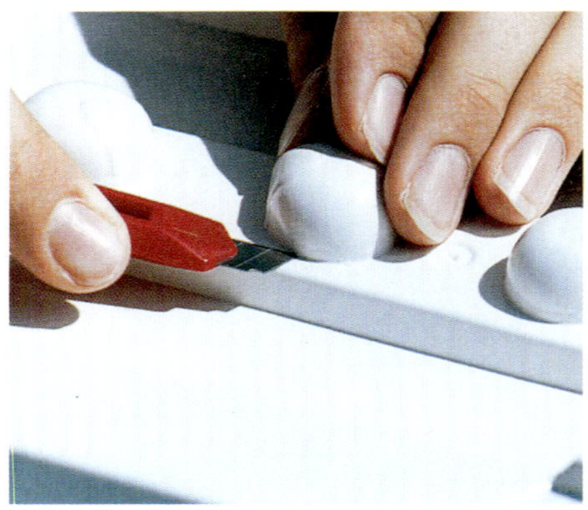

nach Hause und gibt nach einigen Tagen, oder schon nach Stunden, entnervt auf. Bei solchen Modellen ist sehr viel handwerkliches Geschick erforderlich, das sich selbst begabte Bastler erst durch ständiges Bauen und manchen freundschaftlichen Tip eines Modellbaukollegen aneignen. Wer also nicht ganz klein anfangen möchte, nimmt am besten eine Motoryacht oder ein Rennboot von etwa 70 cm Länge, von denen es massenweise gute Angebote gibt. Als Beispiel gelten die auf Seite 35 (Ultra-Motoren) genannten Rennboote.

Sondermodell: Sea Jet

Ein ausgefallenes und dabei hervorragend für Neulinge im RC-Schiffsmodellsport geeignetes Modell ist der »Sea Jet« von *Robbe*. Dieses Sondermodell ermöglicht es jedem Hobbyeinsteiger, sofort und ohne Probleme sein persönliches Erfolgserlebnis zu haben. »Sea Jet« ist das Modell eines Wassermotorrades, die Vorbilder sind vor allem in der Karibik und im gesamten amerikanischen Raum weit verbreitet. Das Modell ist bei *Robbe* schon der zweite Anlauf, da die erste Ausführung mit einem lenkbaren Wasserski nicht so gute Fahrergebnisse brachte. Der jetzige Versuch ist dagegen wirklich geglückt. Diesmal verwendete man einen geschlossenen, bootsförmigen Rumpf mit Hydroantrieb am Heck, so daß das Wassermotorrad fast die gleich guten Fahreigenschaften aufweist wie kleinere Hydrorennboote. Einziger Unterschied ist die Gesamthöhe des Modells (wegen der Fahrerfigur), die sich beim Kurvenfahren durch stärkere seitliche Neigung auswirkt. Das Modell ist wegen hoher Vorfertigung recht einfach zu bauen und im Grunde von jedem zu fahren.

Rennboote

Mit der immer stärkeren Verbreitung des sog. Hydro- oder Oberflächenantriebes kamen auch viele Rennboote in Off-shore-Ausführung (die Originale fahren im offenen Meer) auf den Markt. Es sind meist geschlossene, pfeilspitzenförmige Rümpfe ohne besondere Optik. Sicher läßt sich über Geschmack streiten,

Das Wassermotorrad »Sea Jet« von Robbe *wird durch einen Hydroantrieb gelenkt und beschleunigt.*

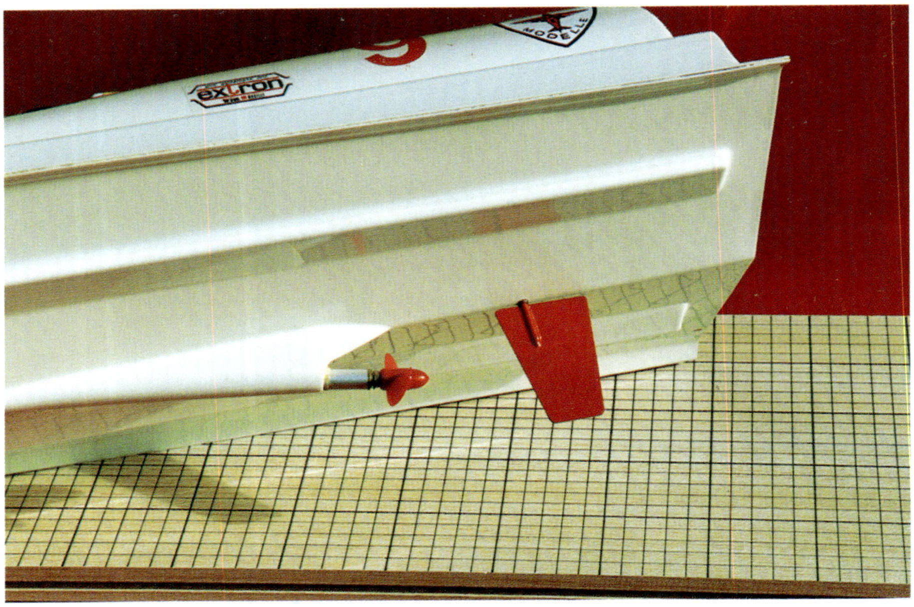

Oberflächen- oder Hydroantriebe haben sich bei Elektrobooten in kürzester Zeit durchgesetzt. Die »normale« Bauform von Schiffsmodellantrieben ist der Innenbordantrieb mit festmontierter Welle im Stevenrohr und getrennt angebrachtem Ruder.

aber ein Segelboot oder eine Motoryacht aus den achtziger Jahren ist im Vergleich zu diesen rasenden Konservendosen eine echte Schönheit. Unbestreitbar ist allerdings auch, daß diese mit Werbeaufklebern zugepflasterten, schwimmenden Litfaßsäulen unwahrscheinlich viel Spaß im Renneinsatz machen können. Der eine oder andere Leser mag jetzt vielleicht einwenden, daß Rennen zu fahren nicht gerade ein Einsteigerhobby ist, dies gilt hier jedoch nicht. Viele der genannten Boote (ob mit Stevenrohr- oder Hydroantrieb) sind vom Bau ebenso wie vom Fahrbetrieb her für den Einstieg in den Schiffsmodellbau durchaus geeignet.
So sind meist schon einige Rumpfspanten fertig eingeleimt (oder zumindest ausgestanzt), und am Rumpf außen sind nur Lackierarbeiten mit oder ohne Dekorverzierung nötig. Wer öfter irgendwelche Rennen fährt, verzichtet häufig darauf, weil bei Zusammenstößen die viele Arbeit in Sekunden zunichte gemacht werden kann. So bleibt dem Rennbootbauer hauptsächlich die optimale Installierung von RC-Anlage und Antriebskomponenten. Gerade darauf ist das höchste Augenmerk zu richten. So sind kurze, gerade Gestänge, feste Halterungen für Akkus und Servos, wasserdichter und vibrationsgeschützter Einbau und gute Zugänglichkeit bei Wartungsarbeiten die Grundvoraussetzungen für den erfolgreichen Einsatz. Bei eigentlich allen Modellbooten und auch bei größeren Schiffen beginnt dies mit dem richtigen Einbau der Antriebswelle und des Motors.

Antriebsformen

Grob unterteilt kann man im Schiffsmodellbau von vier Antriebsformen sprechen: dem Außenbordantrieb, dem innenliegenden Antrieb mit Stevenrohr und Propeller unter dem Rumpfboden, dem Jet-Antrieb mit Wasserstrahl und dem modernen Oberflächenpropeller-(Hydro-)antrieb, wobei diese Bauform eigentlich fast als eine Untergruppe des Außenbordantriebes bezeichnet werden kann. Genau wie beim Außenborder ist der Antrieb am Heck des Bootes drehbar gelagert, nur der Antriebsmotor sitzt nicht außen.
Außenbordmotoren werden nur mehr sehr selten eingesetzt. Das liegt wohl

Einige Rennboote sind völlig aus Kunststoff aufgebaut, sogar die Halterungen für Servos, Empfänger und Akkus sind dort nicht aus Sperrholz. Das Bild zeigt, am Beispiel des Bootes »Wild Cat«, die vorbereiteten Öffnungen für den Servoeinbau.

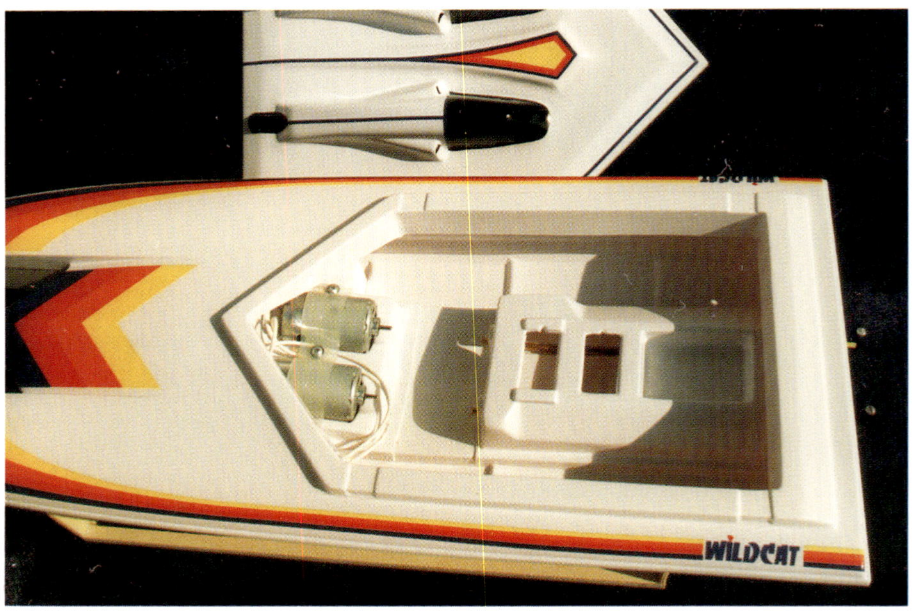

daran, daß erstens die Vorbilder nahezu verschwunden sind und zweitens der außenliegende Motor starken Belastungen durch eindringendes Wasser und eventuelle Beschädigungen ausgesetzt ist. Außerdem haben bei den heute möglichen Leistungen moderner Motoren die Getriebe und Umlenkungen im Außenbordantrieb keine sehr lange Lebensdauer. Schließlich entstand, zumindest im Modellbau, dem Außenborder durch die modernen Hydroantriebe eine sehr starke und erfolgreiche Konkurrenz.

Der Hydroantrieb

Diese Hydros haben den Hauptvorteil des Außenborders übernommen, nämlich Lenkung und Antrieb des Bootes in einer kompakten Einheit zusammenzufassen, ohne jedoch dessen Nachteile (Kurzschlußgefahr durch Wasser im Motor, überlastetes Getriebe, zu tief eingetauchter Propeller und dadurch geringerer Wirkungsgrad) zu haben. Beim Hydroantrieb wird die Schraube (der Propeller) zusammen mit dem Ruder (der Flosse) bewegt, so daß sehr enge Kurven gefahren werden können. Dabei taucht der Propeller nie ganz ein (die Nabe liegt etwa auf der Wasserlinie); die Nachteile eines hochdrehenden Antriebes mit tief eingetauchter Schraube entfallen, d.h. bei sehr schnellaufenden Propellern die im Wasser auftretenden verschiedenen Drücke an den Schraubenblättern. So entsteht an der Vorderseite des Propellerblatts ein Unterdruck, an der Rückseite ein Überdruck. Bei sehr schnellaufenden Schrauben kann dies so weit führen, daß das Wasser hinter den Blättern verdampft. Man spricht dann auch von Kavitation (Hohlraumbildung). Schäden an den Propellerblättern bis hin zu gebrochenen Antrieben können die Folge sein. Zumindest jedoch ist der Wirkungsgrad herabgesetzt, die Leistung des Motors kommt quasi nicht ins Wasser. Nimmt man dann noch den relativ schrägen Einbau der Antriebswelle (des Stevenrohrs, in dem diese Welle läuft) hinzu, bei dem sich durch Kraftwirkung ein Anheben des Bootshecks bzw. Herunterdrücken des Bugs ergibt, ist klar, weshalb sich die sog. Hydro- oder Oberflächenantriebe durchgesetzt haben. Die Belastung der Schraube durch das wechselweise Eintauchen,

Eine nicht allzu häufige, aber außergewöhnlich interessante Antriebsform ist der Seitenradantrieb.
Beim Modell »Glasgow« arbeitet eine Dampfmaschine und treibt über ein Getriebe die beiden Schaufelräder an.

Beim Hydroantrieb ist die Schiffswelle elastisch (Stahlspirale), so daß der an die Ruderflosse angebaute Propeller die Steuerbewegungen nach links oder rechts mitmachen kann.

verbunden mit dem Aufschlagen auf dem Wasser bei etwas höherem Wellengang, verkraften moderne Werkstoffe (GFK, CFK), aber natürlich auch solide Metallpropeller (Bronze, rostfreier Stahl), recht gut. Eine neue Erfindung ist diese Technik jedoch keineswegs, sie wurde schon vor rund 125 Jahren zum ersten Mal vorgestellt.

Der Antrieb mit Schiffswelle im Stevenrohr

Wesentlich älter als die Hydroantriebe (der Name kommt von Hydroplan, weil sich die Boote aus dem Wasser heben) sind die herkömmlichen Bootsantriebe mit Wellenanlage. Dabei wird eine Schiffswelle (die Antriebswelle) in einem Rohr (Stevenrohr) geführt, das gleichzeitig Lagerung, Schmierung und Abdichtung für diese Welle ist. Als einfachste Form gibt es Messingrohre mit Stahldrahtwelle und vorne und hinten eine Bronze- oder Nylonbuchse (Hülse) als Lager und Dichtung. Weitere Verbesserungen sind eingebaute Kugellager, zusätzliche Dichtungsringe (sog. Stopfbuchsen) und Öffnungen im Stevenrohr, in die Fett oder Öl eingefüllt werden kann. Wenn auf diese Bohrungen ein Stutzen aufgesetzt ist, spricht man von »Öler«, obwohl es eigentlich ein Nippel zum Aufsetzen der Fettpresse ist (siehe Bild unten). Das Einfüllen von Öl sollte man aus Umweltschutzgründen besser lassen, weil viel zu viel ins Wasser gelangen kann. Besser ist ein spezielles, zähes Wellenfett, das man mit der Fettpresse einfüllt. Diese Fettpresse ist eine kleine Handpumpe, mit der das Fett vor dem Zusammenbau des Antriebes ins Wellenrohr (Stevenrohr) gedrückt wird. Von Zeit zu Zeit wird immer wieder über einen Schmiernippel (den »Öler«) neues Fett eingedrückt, um gute Laufeigenschaften und wasserdichten Antrieb zu gewährleisten. Das Fett tritt beim Fahren so gut wie nie aus und verschmutzt deshalb die Gewässer nicht.

Leider sind viele Antriebseinheiten mit falschen Schmiernippeln ausgerüstet (Fettpresse paßt nicht; Öler ist zu schwach und verbiegt sich) oder diese Aufsätze fehlen ganz. Gerade die optimale Schmierung der Antriebswelle ist jedoch einer der wichtigsten Punkte beim Betrieb von Rennbooten, aber auch langsam fahrenden Schiffsmodellen. Deshalb sollte man sich notfalls eigene Schmiernippel anbauen (z.B. aus dem Fahrrad- oder Kfz-Zubehör) oder im Modellbaufachhandel nach guten Produkten Ausschau halten. Eine hervorragende Methode ist ein zusätzlicher Metall- oder Kunststofflagerbock für das Stevenrohr mit aufgesetztem Schmiernippel. Man muß dann nur an der passenden Stelle das Messingrohr anbohren (Vorsicht, nicht quetschen, Welle vorher entfernen und passenden Holzstab locker einstecken), damit das Fett dort eindringen kann.

Die Kupplung

Die meiner Ansicht nach zweitwichtigste Arbeit am Wellenantrieb ist das Anpassen der Wellenkupplung. Diese Kupplung verbindet den Stutzen der Motorwelle mit der Schiffswelle. Oft sind die beiden Wellen unterschiedlich stark (Beispiel: Motorwelle 3,17 mm Ø, Schiffswelle 4 oder 5 mm Ø), und manchmal fluchten sie auch nicht exakt. Dies kann durch etwas ungenauen Einbau des Stevenrohrs (Verrutschen vor dem Aushärten des Klebers) oder durch falsche Motorhalterungen entstehen. Oft genügt auch schon eine zu dicke Kleberschicht unter der Motorbefestigungsplatte oder ein winziges Verschie-

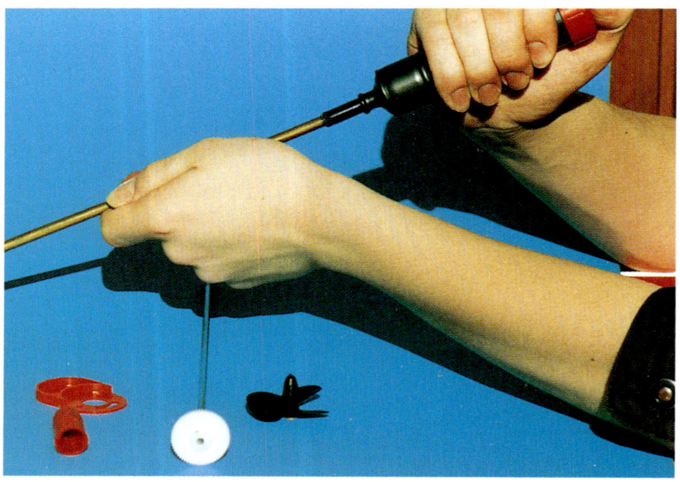

Mit einer Fettpresse wird ein Spezialfett in das Stevenrohr gedrückt, damit die Welle leichtgängig läuft und kein Wasser eindringt.

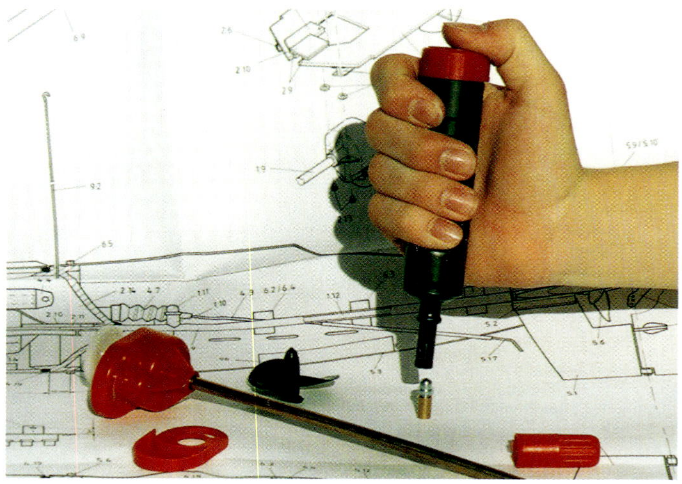

Beim Robbe U-Boot »Sea Wolf« findet man einen echten Schmiernippel, wie er zur richtigen Benutzung der Fettpresse nötig ist.

Wenn es so eng zugeht wie hier beim Modell »Tornado«, ist es vorteilhaft, daß Motorhalterung und Stevenrohr eine Einheit bilden und fertig montiert sind.

Die Gelenkkupplungen (Kardangelenke) der Wellenverbindungen können aus Kunststoff oder Metall sein und werden in verschiedenen technischen Ausführungen hergestellt. Der Hauptvorteil ist die allseits bewegliche Verbindung von Motor- und Antriebswelle.

ben der Einheit in Längsrichtung. Solche Fehler sollte man nach Möglichkeit vermeiden (durch genaue Vorbereitungen, exaktes Anpassen und Sichern vor dem Kleben), sie sind jedoch nie ganz auszuschließen. Bis zu einer gewissen Abweichung läßt sich auch nach der endgültigen Montage die Motorwelle (oder die Antriebswelle des Getriebes) mit der Schiffswelle im Stevenrohr verbinden. Dazu gibt es sog. Kardangelenke, auch Kardan- oder Gelenkkupplungen genannt. Solche beweglichen Wellenverbindungen gleichen ungenau gegenüberliegende Wellenenden auch im Betrieb aus und ermöglichen gleichzeitig den Übergang von einem Durchmesser zum anderen. Ein weiterer Vorteil ist, daß man die Verbindung immer wieder lösen kann, um z.B. die Schiffswelle herauszuziehen (zu Wartungsarbeiten) oder den Motor auszubauen. Moderne Kardankupplungen halten sehr hohen Belastungen stand und arbeiten problemlos, solange die Unterschiede, die überbrückt werden müssen, nicht allzu groß sind. Man sollte also einen sehr genauen Einbau anstreben, um die Reibungsverluste zu minimieren. Natürlich ist auch eine optimal laufende Wellenkupplung nicht frei von Verlusten, die jedoch bei den heutigen Motoren zu vernachlässigen sind.

Die Ruderanlenkung am Modell »Key Biscayne« zeigt, daß es auch ohne Gabel- oder Kugelkopf geht. Die Gestänge sind in drehbaren Stellringen geführt und mit Madenschrauben festgeklemmt.

Die Ruderanlage

Gelenkt werden Schiffe oder Boote mit dem Ruder. Selbst bei Segelbooten, die einen bestimmten Kurs auch nur durch Windeinwirkung fahren können, wird das Ruder zur Steuerung eingesetzt (zumindest unterstützend); bei Motorbooten und Motorschiffen ist es absolut notwendig. Die wirkungsvollste Form ist der oben beschriebene Hydroantrieb, bei dem die Ruderwirkung durch den mitschwenkenden Propeller sehr stark unterstützt wird, so daß sich enge Kurvenradien erzielen lassen. Bei großen Schiffen ist diese Antriebsform jedoch nicht möglich. Im Normalfall wird eine Ruderflosse (je nach Bootstyp unterschiedlich groß) über eine Welle, die in einem Rohr oder in Lagerböcken geführt ist, hin- und herbewegt. Diese Bewegung wird von einem Servo (auch Rudermaschine) über eine Stange zum Ruderhebel übertragen. Das Rohr, in dem die Ruderwelle üblicherweise läuft (ähnlich dem Stevenrohr für die Antriebswelle, nur senkrecht zum Rumpf stehend), ist am Heck eingebaut und wird fachsprachlich als »Koker« oder »Ruderkoker« bezeichnet. Dieser Ruderkoker, also das Messingrohr, enthält keine zusätzlichen Lager (weil die Bewegung darin langsam erfolgt) und wird auch nicht abgedichtet (weil das Boot nicht tief genug eintaucht, so daß das Wasser auch nicht oben austreten kann). Wichtig beim Einbau sind gerade und möglichst kurze Anlenkungsgestänge und nicht zu große oder kleine seitliche Ausschläge (Plan beachten und/oder ausprobieren).

Die einfachste Form einer Ruderanlenkung ist die gerade Stange vom Servohorn (oder der Steuerscheibe) zum Ruderhebel.
Je nachdem, ob das Gestänge weiter innen oder außen am Ruderhebel eingehängt wird, ergibt sich ein größerer oder kleinerer Lenkausschlag.

Wichtige Prüfungen

Die Wasserdichtigkeit

Außer auf allgemein sauberen Aufbau (und natürlich optische »Schönheit«) ist beim Schiffsmodell besonders auf wasserdichte Luken oder Kabinendeckel zu achten. Viele Boote besitzen ein Schiebeluk, das ist ein Deckel, der zwischen Schaumgummistreifen von hinten nach vorne eingeschoben wird und so die Öffnung im Deck wasserfest verschließt. Auf diesen Schieber wird dann oft von oben noch eine Art Cockpithaube aufgesetzt, die zusätzlich schützen soll. Hauptsächlich ist diese Kabinenhaube jedoch wegen der optischen Wirkung vorhanden (das Boot sieht »echter« aus).
Weitere kritische Stellen sind die Oberkante des Rumpfes, an der das Deck (meist aus Holz) aufgeklebt ist oder bei ABS-Booten die Klebenaht zwischen der oberen und unteren Rumpfhalbschale. Falls diese Klebungen unsauber ausgeführt wurden, droht spätestens dann ein Wassereinbruch, wenn das Boot heftig an eine Uferbegrenzung stößt oder auf einen harten Widerstand im Wasser aufläuft. Durch den Aufprall und evtl. entstehende Verspannungen springen solche schlechten Klebestellen oft etwas auf (ohne daß man dies sofort sieht) und können später die Ursache für Wasser im Schiff sein. Vermeiden läßt sich das nur durch ordentliches Verkleben von Ober- und Unterteil bzw. Deck und Rumpf. Dazu ist es nötig, die ABS-Teile etwas aufzurauhen (mit Schleifpapier, 400er Körnung, anschleifen) und dann mit Aceton zu verschweißen. Zusätzlich verbessert eine Kleberraupe aus »Stabilit express« innen die Festigkeit, allerdings ist es nicht bei jedem Schiff möglich, diese Klebenaht anzubringen. Speziell bei den sehr schlanken Rennbooten ist es ausgeschlossen, mit irgendeinem Kleber von innen an diese Stelle zu kommen. Früher wurde deshalb oft außen am Rumpf die Stoßkante

mit einem Gummiprofil zusätzlich überklebt. Das hatte zwei Vorteile: Es dichtete ab und schonte gleichzeitig die Rumpfkante bei Zusammenstößen.

Die Abdichtung am Antrieb

Ein Schwachpunkt ist auch die Wellendurchführung im Rumpfboden. Die Messinghülse (Stevenrohr) sollte ebenfalls gut aufgerauht werden, bevor man sie im ABS-Rumpf verklebt. Diese Verklebung wird bei mir ausschließlich mit dem bewährten Zweikomponentenkleber »Stabilit express« von *Henkel* durchgeführt. Er ist ideal für Kunststoff-/Metallverbindungen und läßt sich an Stellen wie diesen sehr gut verarbeiten, weil er weder zu dick ist noch zu schnell verläuft. Man bestreicht das Wellenrohr rundum an der aufgerauhten Stelle, schiebt es in die richtige Lage im Rumpf und vermufft dann von innen ordentlich mit dem restlichen Kleber. Zur zusätzlichen Festigkeit des Stevenrohreinbaus trägt eine Abstützung aus Holzstückchen (Kiefer oder Balsa) bei, die ich grundsätzlich anbringe, auch wenn sie nicht im Bauplan vorgesehen ist. Man muß nur darauf achten, daß man die Einbaulage des gesamten Antriebsstrangs nicht verändert (richtige Schräge und seitliche Ausrichtung).

Eine sehr gängige Form, Bootsrümpfe wasserdicht zu verschließen, ist die Kombination von Schiebeluk und aufgesetzter Kabinenhaube.

Oft müssen Ober- und Unterteil der Kunststoffrümpfe noch zusammengeklebt werden. Bei diesem Modell handelt es sich um Polystyrol-Halbschalen, die einen speziellen Kleber erfordern. Als Auftriebshilfe (für Notfälle) wird im Vorderteil noch ein Styroporklotz eingeleimt.

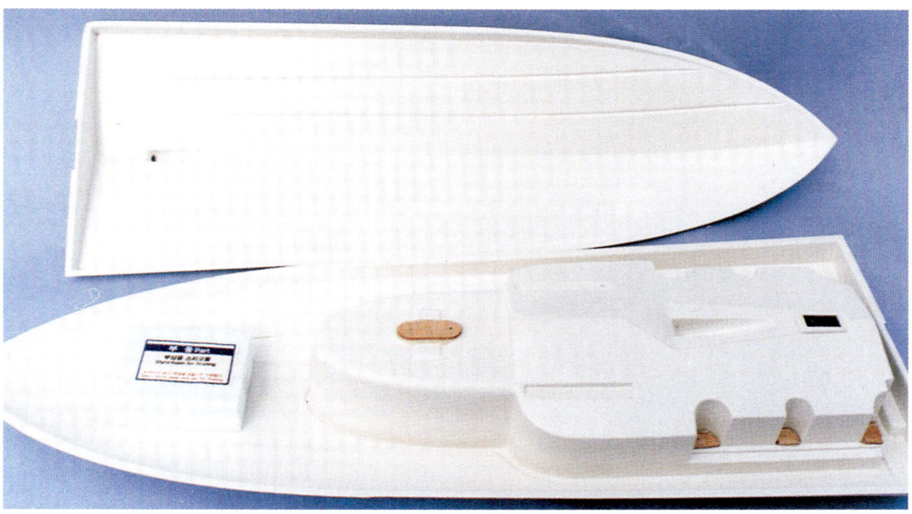

Als zusätzliche Sicherung legt man von innen eine Raupe aus Zweikomponentenkleber an die Rumpfkante. Bei manchen Rennbootmodellen ist dies gar nicht oder nur mit selbstgebastelten Hilfsmitteln (hier sind es chinesische Eßstäbchen) möglich.

Übrigens: Die Motorhalteplatten, Motorsockel usw. klebe ich auf die gleiche Weise ein und auch die Motoren bekommen am Gehäuseende eine zusätzliche Unterstützung. Dies stabilisiert den ganzen Antrieb. Einziger, möglicher Nachteil ist eine evtl. Geräuschverstärkung durch Übertragung von Vibrationen auf den Rumpf.

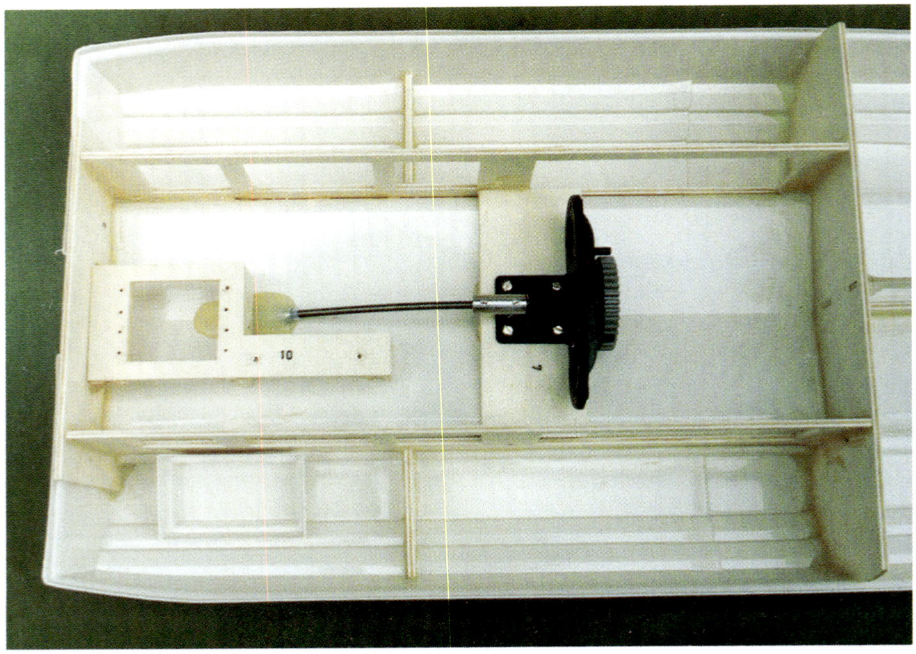

Die Wellendurchführung im Rumpfboden muß ebenfalls gut aufgerauht und anschließend satt mit »Stabilit express« vermufft werden.

Das Ausbalancieren

Ein Modellboot besitzt ebenfalls einen Massenmittelpunkt, analog zum »Schwerpunkt« von Flugmodellen. Der richtig eingestellte Schwerpunkt ist bei Booten und Schiffen nicht ganz so wichtig wie bei Flugzeugen, aber man sollte sein Schiffsmodell zumindest grob ausbalancieren.

Seitliches Auswiegen

Dabei ist das seitliche Auswiegen fast wichtiger als das Trimmen der Wasserlage vom Bug zum Heck. Denn gerade nach der Seite kippen viele Schiffe recht schnell. Speziell die etwas höher gebauten, größeren Modelle mit zusätzlichen Aufbauten, können etwas kopflastig werden und bei Wind oder Wellengang sehr leicht quer zum Schiffsrumpf umschlagen. Extrem gilt dies natürlich für alle Segelboote, die jedoch durch einen tiefliegenden Schwerpunkt (der mit dem sog. Schwert und einem daran befestigten Bleiballast erzielt wird) die Kentergefahr reduzieren. Auf jeden Fall sollte man versuchen, eine möglichst neutrale Lage des Schiffsrumpfes zu erreichen, z.B. durch Verschieben von Akkus.

Auch durch kleine Öffnungen kann Wasser eindringen. Aus diesem Grund werden alle Gestängedurchführungen mit Gummimanschetten abgedichtet, die man zusätzlich mit Vaseline füllt.

Der Badewannentest

Auf diesen Augenblick freut sich bei mir stets das Kind im Manne. Unter dem Vorwand, ein Boot auswiegen zu müssen, wird die Badewanne mindestens halbvoll mit Wasser gefüllt und das Modell vorsichtig hineingehoben. Beim ersten Loslassen sollte man die Hände in nächster Nähe des Rumpfes lassen, weil es schon öfter Fälle gab, bei denen das Schiffsmodell schlicht und einfach umkippte. Ja sogar ein »Durchkentern«, also die Rolle um die Längsachse, hat es schon gegeben. Die Norm ist das jedoch nicht, meist wird das Modell nur mehr oder weniger schief im Wasser liegen.

Durch Verschieben von Einbauteilen, wie Akkus oder Fahrtregler, Empfänger usw., lassen sich diese Schieflagen in vielen Fällen ausgleichen. Manchmal ist auch das Verrutschen von Zubehör auf Deck (z.B. Rettungsringe, Dekorationsmaterial, Holzkiste, Winde, Taurolle usw.) bei Schleppern und Frachtern oder das Verändern der Netze bei Fischkuttern sehr nützlich. Letzte Rettung ist das zusätzliche Anbringen von Bleiballast an der richtigen Stelle im Rumpf. Dabei ist jedoch auf das Auswiegen des Modells in Längsrichtung (um die Querachse) zu achten, also darauf, daß es nicht vorne oder hinten plötzlich zu tief im Wasser liegt. Ein Anhaltspunkt für die richtige Lage ist auch die in vielen Plänen gezeichnete Wasserlinie, eine gedachte Linie am Rumpf, bis zu der das Schiffs- oder Bootsmodell eintauchen sollte. Bei den meisten Rennbooten (speziell denen mit Hydroantrieb) ist diese Markierung allerdings hinfällig, weil sie sich in Fahrt fast völlig aus dem Wasser heben. Sie reiten quasi auf der hintersten Kante (der Abrißkante) des Rumpfes, also auf dem Propeller, über die Wellen.

Das Einlaufen lassen (mit und ohne Getriebe)

Auch Elektromotoren oder komplette Antriebe müssen zuerst richtig einlaufen. Diese erste Laufphase soll ohne Belastung erfolgen, also nicht unbedingt gleich mit dem Schiffsmodell losfahren. Selbst ein angeflanschtes oder per Zahnriemen bewegtes Getriebe kann anfangs schon etwas zuviel Belastung für den neuen Motor bedeuten. Andererseits müssen auch alle Getrieberäder eine Einlaufzeit haben. So gesehen ist die zweiteilige Einlaufphase optimal. Man läßt seinen E-Motor vor dem Einbau oder Zusammenbau mit dem Getriebe mit einer Spannung unter der Nennspannung des Motors (bei 8,4 V angegebener Nennspannung etwa mit 4 bis 6 V) einige Zeit laufen. Dazu hat man entweder einen Akku mit weniger Zellen als beim Fahrakku oder ein Lade- bzw. Netzgerät mit der richtigen Ausgangsspannung (Vorsicht! Messen!) bzw. andere Gleichspannungsquellen. Nicht schlecht ist eine fertig aufgebaute Prüfstation mit einem einfachen, mechanischen Regler oder fest eingestelltem Widerstand oder ähnliche Konstruktionen. Nach ein, zwei Akkuladungen oder einer Gesamtlaufzeit von vielleicht 30 Minuten (entsprechende Auskühlzeiten dazwischen), kann man den Motor (wie weiter oben beschrieben) einbauen und dann zusammen mit dem Antrieb wie vorgesehen noch ein bis zwei Akkuladungen weiter einlaufen lassen. Dazu wird das Schiff auf den Arbeitstisch gelegt und der Rumpf festgehalten. Es ist natürlich sehr wichtig, daß der Propeller frei drehen kann und die gesamte Welle gut gefettet wurde! Vorher werden alle gebräuchlichen Einbauten richtig verkabelt und der Motor (mit oder ohne Getriebe) über den Fahrtregler per Fernsteuerung in Betrieb genommen. Bei diesem simulierten Fahrbetrieb kann man jetzt auch die Steuerung bedienen und prüfen. Das hat zwei Vorteile: Erstens sieht man, ob sich alle Teile frei und ordnungsgemäß bewegen und zweitens ist auch schon ein praxisnaher Stromverbrauch feststellbar. So erhält man in etwa eine Vorstellung von den »Akkulaufzeiten«. Außerdem zeigen sich mögliche Funkstörungen.

Die Drehzahl des Antriebes muß jedoch unbedingt niedrig gehalten werden, damit die gesamte Einheit nicht heiß läuft.

In einer gefüllten Badewanne geht das natürlich viel besser. Aber auch da muß das Boot festgehalten werden!

Die hydrogetriebenen Rennboote heben sich in voller Fahrt so weit aus dem Wasser, daß sie nur noch auf dem Hydropropeller reiten.

Die RC-Anlage

Eine Fernsteueranlage besteht aus folgenden Komponenten: einem Sender, einem Empfänger, mindestens einem Servo und dazu einer Akkuhalterung mit Schalter und Anschlußkabel (sehr gut sichtbar im Bild auf Seite 59). Der Sender erzeugt aus den mechanischen Aktionen, also den Knüppelbewegungen, elektrische Impulse, die dann in Form von elektromagnetischen Schwingungen über die Antenne abgestrahlt werden. Diese »Antennensignale« werden von der Antenne des Empfängers (meist ein dünnes, etwa 60 bis 100 cm langes Kabel) aufgefangen und im Empfänger zu elektrischen Impulsen zurückverarbeitet. Diese Impulse gelangen über eine komplizierte Elektronik dann per Anschlußkabel in die Servos (Rudermaschinen). Die Elektronik der Servos wandelt das jeweilige Signal über einen Stellmotor (kleiner, aber präziser Elektromotor) in Drehbewegungen oder in speziellen Fällen auch in lineare Bewegungen um. Diese Stellbewegungen der Rudermaschine erfolgen proportional, d.h. es werden exakt die gleichen Bewegungen ausgeführt, die der Benutzer des Senders an seinem Steuerknüppel vorgibt. Außen am Servo wird auf eine vorhandene Achse, die als Vierkant oder Zahnkranz ausgeführt ist (die gezahnte Form ist häufiger und technisch besser), der Ruderhebel oder die Steuerscheibe aufgesteckt und zusätzlich verschraubt. An diesem Hebel oder der Scheibe (es gibt verschiedene Größen) werden dann die benötigten Gestänge zur Steuerung des Ruders und zur Bewegung aller anderen mechanisch betätigten Einbauten (wie z.B. mechanischer Fahrtregler) befestigt.

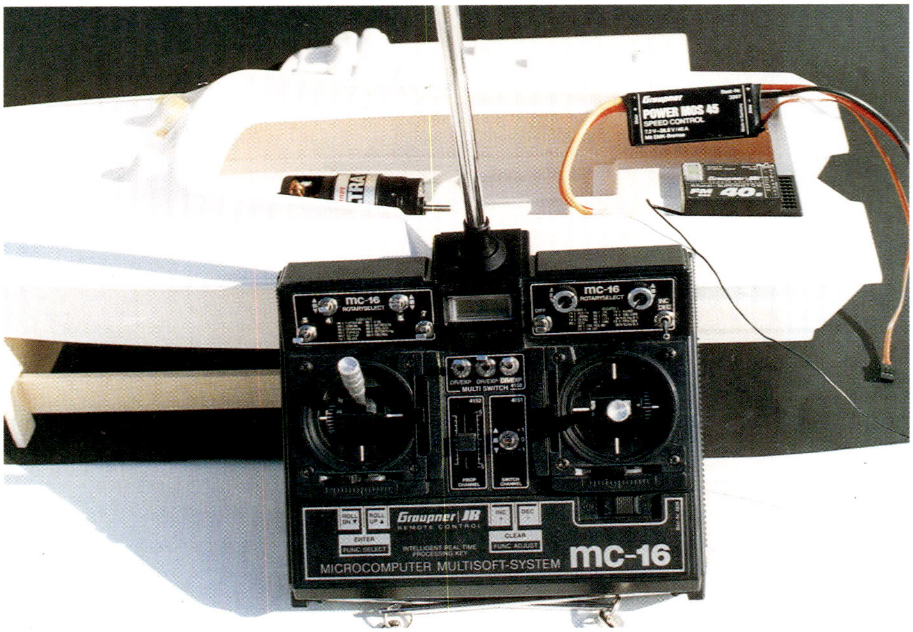

Größere und schnellere Boote lassen sich natürlich mit einer Computeranlage wie der »mc-16« sicherer beherrschen. Der starke Ultra-Motor erfordert einen leistungsfähigen Fahrtregler.

Das Innenleben einer Rudermaschine am Beispiel des Jumbo Servos C 12021. Es ist ein doppelkugelgelagertes, spritzwasserfestes Hochleistungsservo für alle großen Modelle.

Welche Preisklasse?

Aus der großen Anzahl der Anbieter von Fernsteueranlagen haben sich nur wenige am Markt behaupten können. Mit dabei sind zwei deutsche Hersteller, die anderen kommen aus Japan. Aber auch bei den heimischen Anbietern werden viele Komponenten aus Fernost dazugekauft. Andererseits wird auch in deutschen Labors geforscht und dann in Japan oder Taiwan produziert. Der Kampf um Marktanteile ist sehr hart, weshalb jeder versucht, möglichst problemlos über die Runden zu kommen. Insgesamt hat sich eine allgemein gute Verarbeitung und Qualität durchgesetzt, so daß auch preiswerte Anlagen durchaus sicher und vielfach schon recht komfortabel sind. Stellt sich für den Käufer also nur die Frage, ob er mit dem Modellbau längere Zeit weitermachen will. Dies vorausgesetzt, ist zu überlegen, ob man nicht doch eine gehobenere Qualität der Fernsteueranlage kauft, damit später nicht gleich wieder neue Ausgaben anfallen. Die Einfachstgeräte der unteren Preisklasse lassen nämlich später keinerlei technische Erweiterungen zu.

Form und Ausstattung

Die ersten mechanischen Hauptunterscheidungsmerkmale der Fernsteuersender sind: »Drehknopf oder Knüppel«. Als »Drehknopfanlage« bezeichnet man Sender, die anstatt der üblichen Hebel auf der Senderoberseite ein drehbares Rad haben. Der zweite Hebel ist dann entweder seitlich als Ziehhebel angebracht, oder vielfach auch in der Art eines Pistolengriffs. Diese pistolengriffförmigen Sender mit Drehknopf haben bei Auto- und Schiffsmodellbauern große Verbreitung gefunden. Will man vielleicht später einmal mit Flugmodellen weitermachen, ist allerdings zu überlegen, ob nicht besser eine Knüppel-Fernsteuerung gekauft wird. Eine spätere Umgewöhnung bei der Bedienung erschwert sonst nur das Fernsteuern. An die Steuerknüppel muß man sich ja auch erst gewöhnen; manche

Eine sehr preisgünstige RC-Anlage, und dabei doch schon auf hohem technischen Stand, ist die FM 314 von Graupner.

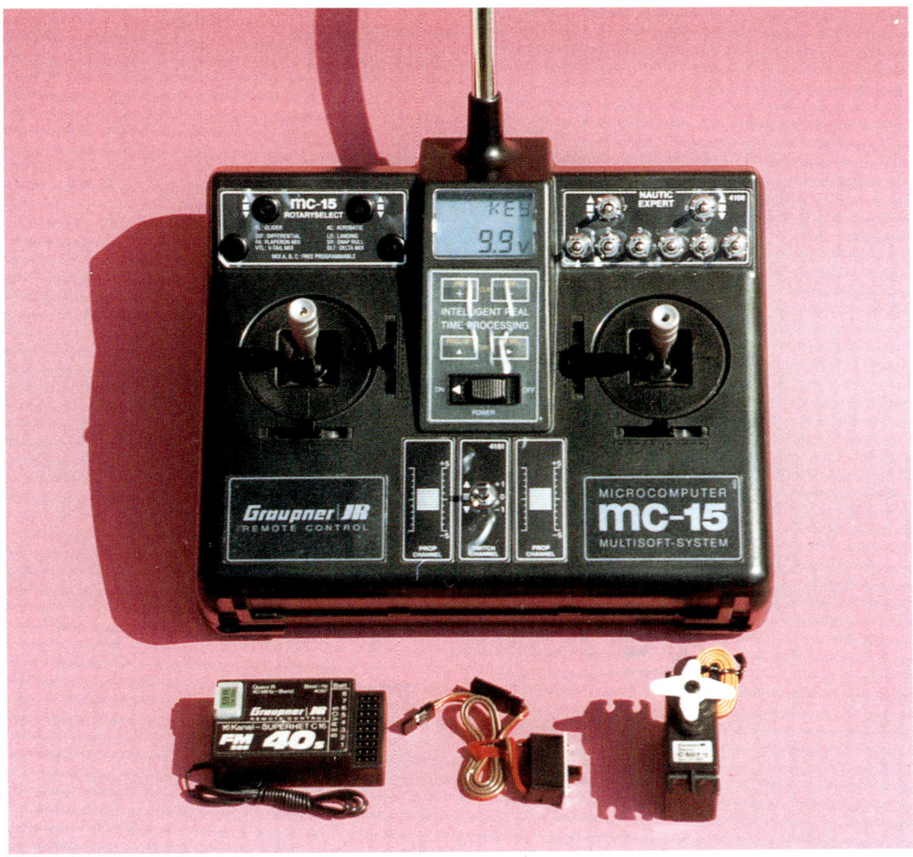

Wenn schon Computeranlage, dann muß es nicht gleich die allergrößte sein. Es reicht, mit dem System mc-15 von Graupner zu beginnen. Das ist eine technisch hochwertige Fernlenkanlage mit enormen Ausbaumöglichkeiten. In der Grundausführung sind vier Servos anschließbar; geliefert wird Sender, Empfänger, ein Servo und Schalterkabel.

finden sie zu kurz oder zu lang, bei den billigeren Anlagen haben sie vielleicht auch etwas Spiel, arbeiten also nicht ganz so präzise. Außerdem ist beim Knüppel die seitliche Rechts-/Linksbewegung für viele wirklich etwas schwerer umzusetzen, wenn das Modell auf einen zukommt, als bei der Drehbewegung. Natürlich ändert sich das mit zunehmender Übung. Man sollte also aus der Frage der Form kein zu großes Problem machen, wichtiger erscheint mir die allgemeine Qualität, denn beim

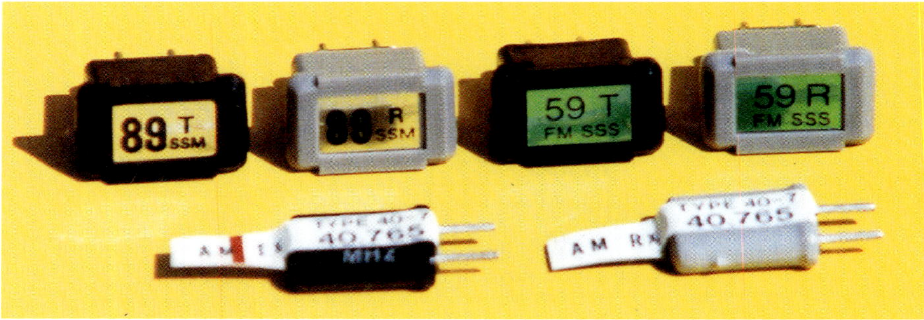

So sehen Steckquarze aus. »T« steht für Sender, »R« für Empfänger. Die Zahl ist der Kanal, die Halterung aus Kunststoff hilft beim Einstecken in den Empfänger (manchmal ist es auch nur eine Stofflasche).

Knüppelsender wie auch bei der Drehknopfanlage gibt es schludrig verarbeitete oder unausgereifte Produkte. Als Praxistip gilt, daß man bei der Erstausstattung, also wenn man noch nicht weiß, ob man weitermacht – und deshalb sparen will – trotzdem keine Fernsteuerung unter rund DM 400,- kaufen darf. Anlagen unter dieser Preisklasse sind zwar bei allen Anbietern vorhanden, können jedoch gar nicht höhere Qualitätsanforderungen erfüllen. Sie müssen natürlich dann genügen, wenn man unbedingt sparen will.

Frequenz und Modulationsart

Wichtiger als die Entscheidung Knopf oder Hebel ist die Wahl der richtigen Modulationsart und der passenden Frequenz. Bei der Modulation (AM oder FM) rate ich zur Ausführung FM (Frequenzmodulation). Die Amplitudenmodulation (AM, auch SSM = Super-Schmalband-Modulation) wird oft bei der kleineren, nicht so aufwendigen Bauweise von Fernsteuerempfängern benutzt. Diese Mikroempfänger sind manchmal bei sehr kleinen Modellen aus Platz- und Gewichtsgründen erforderlich. Allerdings ist die höhere Störanfälligkeit da schon problematisch. Aus Erfahrung und aufgrund vieler Fachsimpeleien mit Modellbaukollegen, Händlern und Herstellern, rate ich trotzdem zu den vielleicht etwas größeren FM-Empfängern, natürlich in Verbindung mit dem richtigen FM-Sender.

Die Frequenzen

Auch bei der Frequenzwahl ergibt sich eine gewisse Problematik. Viele Anbieter verkaufen noch immer fleißig RC-Anlagen im 27-MHz-Bereich. (»MHz« steht für Megahertz, gemeint ist das Frequenzband, also der gesamte Bereich von einer unteren bis zu einer oberen Begrenzung). In diesem Frequenzband (27 MHz) tummeln sich aber noch Benutzer von Funkgeräten, wie z.B. der CB-Funk (Citizen Band) mit frei verkäuflichen Handfunkgeräten u.v.m. Es gibt zwar eine feste Kanalzuteilung, aber oft halten sich die Anwender nicht daran. Außerdem gibt es Gebiete mit hoher Gerätedichte, also auch mit häufigen Störungen (es gibt rund 500 000 Gerätebesitzer in Deutschland). Das kann man als Anfänger nicht wissen; ob es der örtliche Händler weiß, ist auch nicht immer sicher, oft sind sich auch die Mitglieder von Clubs nicht einig über die Gründe auftretender Störungen. Deshalb verzichtet man eventuell doch lieber auf den Bereich 27 MHz, auch wenn er einen unbestreitbaren Vorteil hat: Er ist für alle Arten von Modellen zugelassen und absolut kostenfrei. Die Geräte müssen nur eine Prüfnummer haben (aus der Prüfreihe »MF« oder »FE« – früher FTZ-Nummer). Dies ist eine Zulassungsnummer, die durch die Telekom im Bundesamt für Post und Telekommunikation (BAPT) vergeben wird.

Die anderen Frequenzbänder sind das 35-MHz- und das 40-MHz-Band. Es gibt noch ein 434-MHz-Band (aber so gut wie keine Geräte mehr, wegen technischer Probleme) und im Ausland 72 MHz (bei uns nicht zugelassen). So verbleibt für die Schiffsmodellbauer eigentlich nur der Bereich 40 Mhz. Auch im 40er Band sind Fernlenkanlagen mit MF-Nummer (steht meist hinten auf dem Sender) gebühren- und anmeldefrei zugelassen, Anlagen mit FE-Nummern sind gebührenpflichtig. Die Kanäle 50 bis 92 sind für Auto- oder Schiffsmodelle freigegeben, auf den Kanälen 50 bis 53 ist auch für Flugmodelle Platz. Eigene Erfahrungen an meinem Wohnort haben jedoch gezeigt, daß z.B. der Kanal 50 auch von medizinischen Notdiensten benutzt wird. Der Begriff Kanäle ist die Unterteilung des »Bandes«. Das jeweilige Band erkennt der Modellbauer auch an der Farbe eines Wimpels, den man an der Senderantenne (27 MHz = braun, 35 MHz = orange, 40 MHz = grün) befestigt. Der Kanal wird bestimmt durch den Quarz (ein Schwingkristall, der nur im sehr engen Rahmen einer bestimmten Frequenz richtig arbeitet, also schwingt). Die Quarzfrequenz ist der »Kanal« und wird üblicherweise auf dem Blechgehäuse des Quarzes eingeprägt und auf der Halterung des Quarzes (mit der er herausgezogen bzw. eingesteckt werden kann) nochmals aufgedruckt, wobei sich die Frequenzen für Sender- und Empfängerquarze unterscheiden (um die sog. Zwischenfrequenz, die 455 KHz beträgt – KHz = Kilohertz). Deshalb ist es für den normalen Modellbauer besser, er merkt sich nicht die Frequenz, sondern die Kanalnummer. Die Nummer, also zum Beispiel 81, ist jeweils mit einem T oder R versehen. T steht für Sender (Transceiver), R für Empfänger (Receiver); beim Kanal 81 hat der Sen derquarz z.B. die Frequenz 40, 815 MHz.

Müssen Computer sein?

Klare Antwort: Bei Anfängern im Modellbau – und das gilt für alle drei Sparten – nein! Der Hauptvorteil des Computers, die Speicherung von mehreren RC-Modellen mit allen Funktionen, wird anfangs nicht benötigt. Sicher haben Computeranlagen eine Menge weiterer Vorteile (so kann man Servowege begrenzen oder erweitern), aber vielfach ist dies am Beginn unseres Hobbys gar nicht nachvollziehbar, oder verleitet gar zu schlampigem Arbeiten. Bei einer Gestängeanlenkung vom Servo zum Ruder können z.B. falsch abgelängte oder eingestellte Gestänge auf elektronischem Weg durch die »Wegbegrenzung« verlängert oder verkürzt werden. Das ist aber wie beim Taschenrechner: Man verlernt das Kopfrechnen. Im Modellbau verlernt man so das saubere Arbeiten, die Präzision, die aber Pflicht sein sollte – vor allem später bei komplizierten oder größeren, schnelleren und auch teureren Modellen. Nicht verschweigen will ich auch, daß gerade die Wegbegrenzung noch andere Nachteile hat. Ein ungleich langes Gestänge am Ruder beispielsweise wird zwar ausgeglichen, so daß geradeaus gefahren werden kann, aber zu Lasten des jeweiligen seitlichen Ausschlages. Die Kurvenradien sind also nicht identisch. Verzichten Sie am Anfang auf die teureren Computeranlagen, lernen Sie besser sauberes Arbeiten und genaues Einstellen Ihres Modells und sammeln Sie Erfahrung. Mit entsprechendem Können machen edle Computerfernsteuerungen dann um so mehr Spaß.

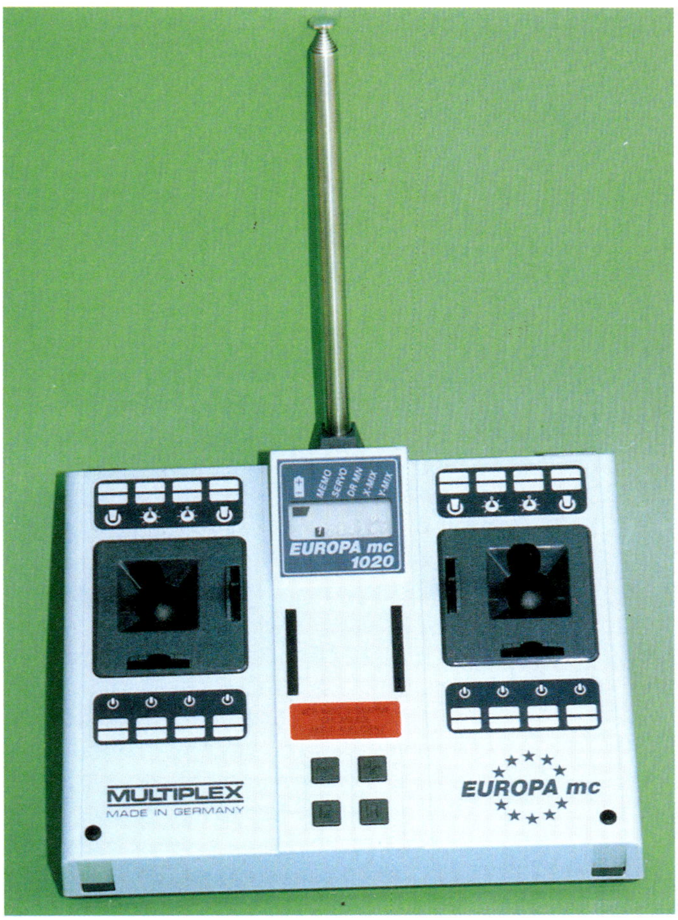

Die Multiplex MC-1020 ist eine Einsteigeranlage aus der Europaserie, die für alle Modellbauanwendungen hervorragend geeignet ist. Das Set enthält einen Mikroempfänger 5/7, ein Servo, Schalterkabel und Zubehör.

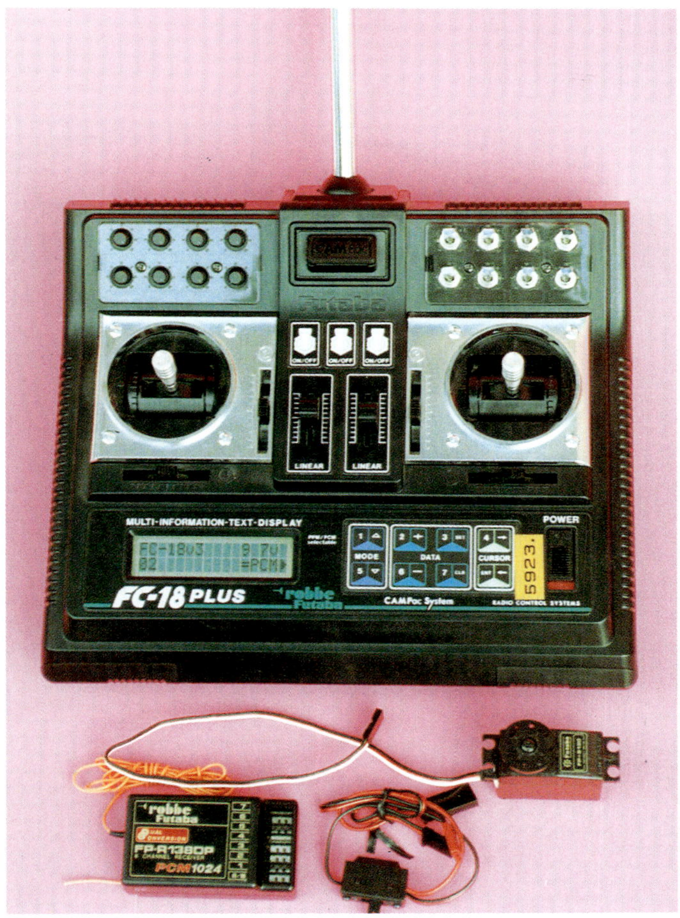

Eine hochwertige, allerdings auch nicht ganz preiswerte Fernsteuerung ist die Robbe/ *Futaba »FC-18 plus«. Diese Computeranlage macht nur Sinn, wenn man mit Modellbau wirklich längere Zeit weitermachen möchte.*

Einbau der Anlagenteile

Die verschiedenen Komponenten einer Fernsteueranlage für Schiffsmodelle sind: Empfänger, Rudermaschinen (Servos), Stromversorgung (Akku) und Motorregelung (Schalter oder elektronischer Fahrtregler beim Elektroantrieb, oder die Vergaseranlenkung bei Verbrennungsmotoren durch ein Servo). Diese unterschiedlich großen und verschieden geformten Teile müssen im Modell untergebracht werden. Am leichtesten ist es inzwischen bei den Servos; sie haben sehr einheitliche Bauformen und fast standardisierte Befestigungslaschen. Oft ist für den Einsteiger auch schon eine fertige »RC-Platte« (aus Sperrholz oder Plastik) vorgegeben.

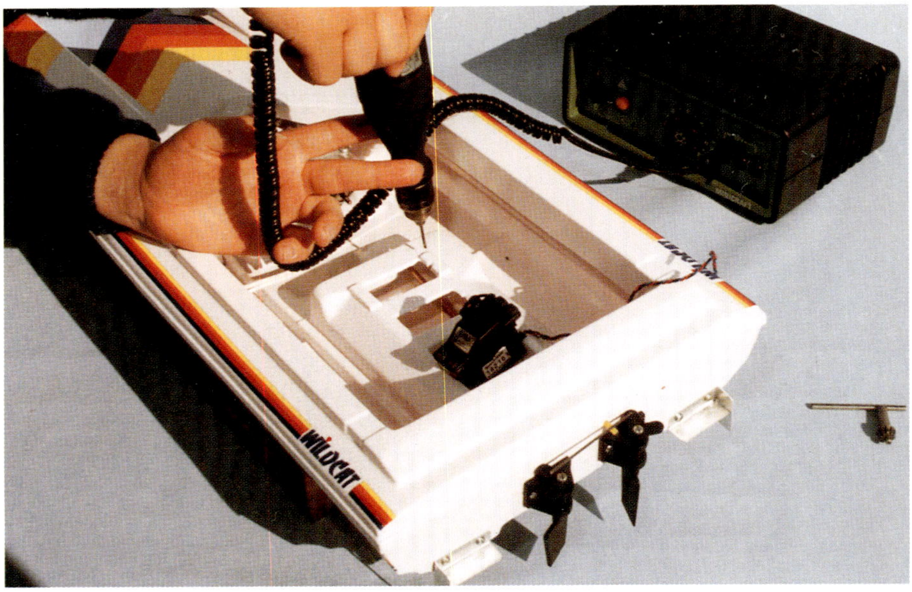

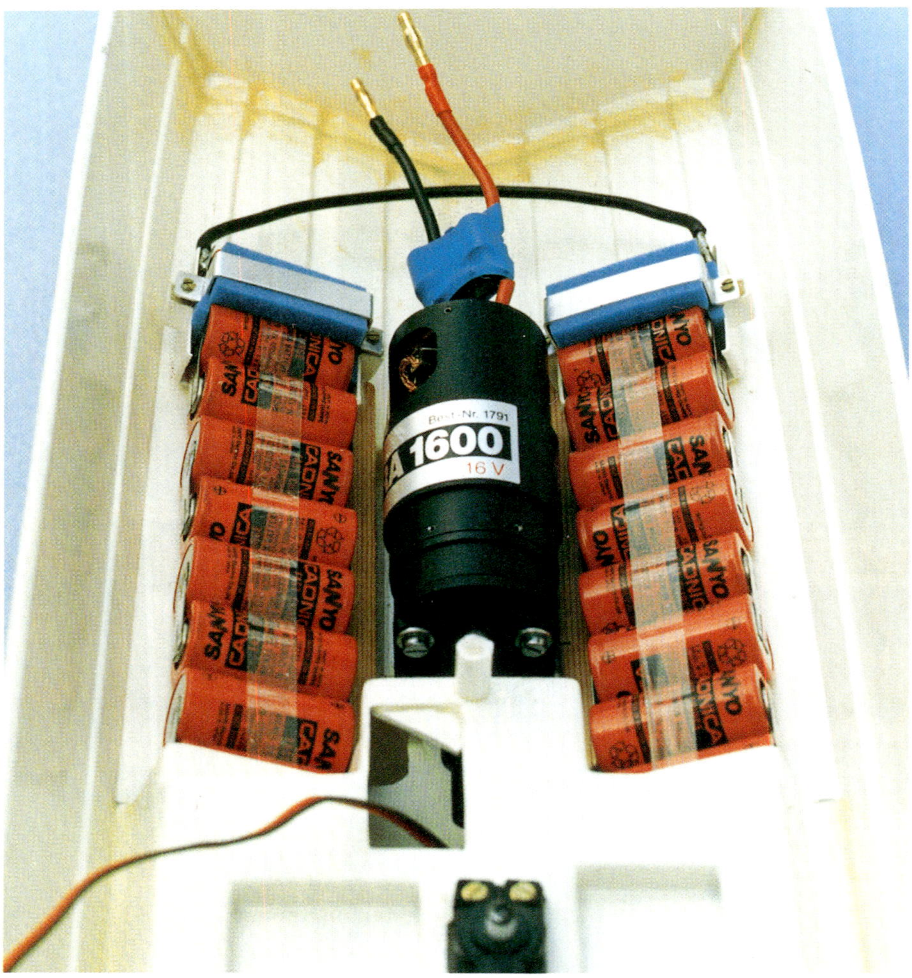

Die Servos werden in vorbereitete Halterungen gesteckt und mit Messingholzschrauben verschraubt. Bei Plastikbooten, wie auf dem Bild, sind dafür von unten Kiefernleisten angeklebt. Als Vibrationsschutz dienen Gummitüllen mit Messinghülsen zwischen Schraube und Servogehäuse.

Die Fahrakkus liegen meistens in fertigen Halterungen, Holzkistchen usw. Bei diesem Boot wurden die Akkustangen zusätzlich durch Alubügel und Schaumstoff gesichert.

Der Empfänger wird üblicherweise in einen Moosgummischlauch gesteckt oder mit ähnlich dämpfendem Material (Kunststoffmatten) umwickelt. Bei den Elektromodellen wird der Empfänger sehr oft nur mit einem gummierten Doppelklebeband auf einer vorgesehenen Platte festgeklebt. Wer ihn ab und zu wieder lösen will (z.B. um ein anderes Modell zwischenzeitlich damit auszurüsten) wird besser sog. Klettband nehmen. Für den Fahrakku gibt es in den meisten Booten fertig vorbereitete Plätze (Rahmen aus Holzleisten, Halterungen, Einschübe usw.). Hat man den vom Hersteller vorgesehenen Akku, gibt es damit kaum Probleme; bei anderen Akkus muß man schon hin und wieder improvisieren. So sind oft die Rümpfe der Elektrorennboote sehr eng. Deshalb sind speziell beim Akkueinbau immer wieder Änderungen erforderlich.

Wichtig:
stoßgeschützt und wasserfest!

Elektronische Bauteile sind längst nicht mehr so stoßempfindlich wie früher, vor allem die SMD-Bautechnik (Fachwort für Montagetechnik = surface mounted device; die kleinen Bestückungselemente werden auf den Platinen vor dem Löten verklebt und haben keine langen Drahtfüßchen mehr) hat da Besserung gebracht, aber ein guter Schutz gegen Vibration ist immer vorteilhaft. Er erhöht zumindest die Lebensdauer der RC-Anlage wesentlich. Dazu kommt bei eventuellem Aufprall auf Uferböschungen oder Hindernisse im flachen Wasser auch der Schutz vor zu harten Stößen. Der Empfänger ist an sicherer Stelle im Rumpf untergebracht und wurde vorher am besten mit Schaumgummistreifen oder fertig angebotenen Moosgummischläuchen umwickelt. Die Servos werden an ihren Befestigungslaschen zusätzlich mit Gummitüllen versehen und im Rumpf verschraubt. Damit diese Gummis beim Festschrauben nicht zerquetscht werden, gibt es dafür Messinghülsen, die in die Gummitüllen gesteckt werden. So erreicht man die nötige Festigkeit und gleichzeitig ausreichend Dämpfung gegen Vibration oder Stöße.

Feuchtigkeitsschutz

Ein bißchen Feuchtigkeit (Wasserspritzer) macht den gut geschlossenen Servos nichts, beim Empfänger empfiehlt sich ein Kunststoffbeutel als zusätzlicher Überzug (die Kabel und die Antenne müssen durch eine Öffnung herausgeführt werden). Das wasserdichte Einpacken von RC-Teilen im Bootsmodell ist grundsätzlich zu empfehlen. Dafür eignen sich sehr gut viele kleinere Plastikbeutel mit Schnappverschlüssen oder Küchenfolie (mit Tesafilm verklebt) oder sogar Luftballons. Will man an Wettbewerben teilnehmen oder fährt öfters in größeren Gruppen, wird es nötig sein, ab und zu den Quarz (siehe Seite 60) zu wechseln. Das sollte man dann bei der »Verpackung« des Empfängers schon berücksichtigen, also die Möglichkeit des Quarzwechsels einplanen.
Die elektronischen Fahrtregler sind überwiegend in Schrumpfschlauch eingeschweißt oder in geschlossene Gehäuse eingebaut und dadurch ganz gut geschützt. Sie dürfen auch nicht zusätzlich verpackt werden, weil der Fahrtregler heiß wird und eine gewisse Luftzufuhr zur Kühlung benötigt (außerdem könnte die Plastiktüte schmelzen). Servos sind ebenfalls mit recht dichten Gehäusen versehen und deshalb relativ unempfindlich gegen Feuchtigkeit (Schwitzwasser oder einzelne Wassertropfen). Für »härtere« Einsätze gibt es auch wirklich wasserdichte Ausführungen, das ist eine reine Preisfrage.

Zum Schutz gegen Spritzwasser werden Empfänger und Empfängerakku in Folienbeutel gesteckt. Die Servogehäuse schützen die Elektronik ohne zusätzliche Verpackung.

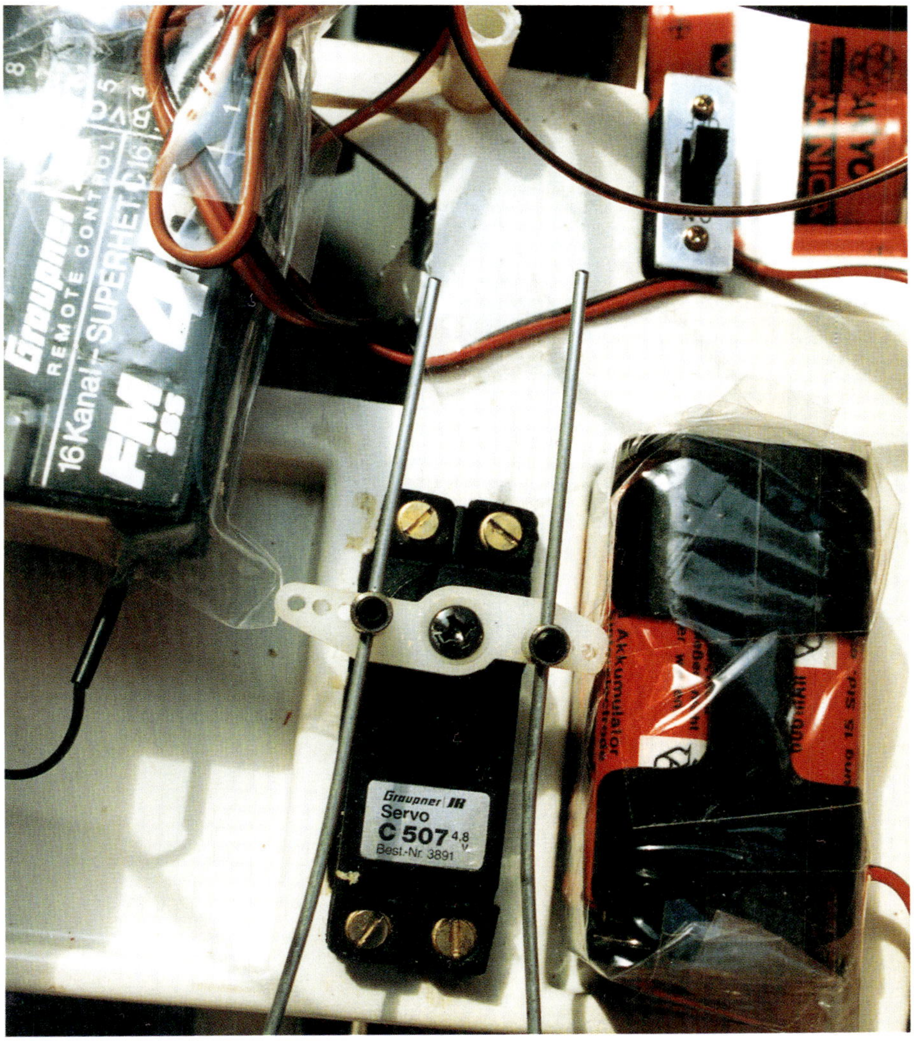

Das Biegen oder Herstellen von Anlenkungen (Gestängen) und der Einbau der fertigen Gestänge

Abkröpfung, Gabelkopf, Kugelkopf

Die Anlenkung des Ruders erfolgt über Bowdenzüge oder Stahlstangen mit 0,8 bis 2 mm Durchmesser. Diese Gestänge oder Bowdenzüge führen vom Servohorn (dem Ruderarm auf dem Servo) oder der Servo-Steuerscheibe zu einem Umlenkhebel oder direkt zum jeweiligen Ruder. Oft sind die Bowdenzugrohre schon im Rumpf verklebt oder es liegen den Bausätzen fertig gebogene Anlenkungsteile bei. Manchmal ist es aber doch nötig, diese Gestänge fertigzustellen, also zu biegen. So benötigt das Ende der Stange, das im Ruderhorn des Servos eingehängt wird, eine »Abkröpfung«. Das ist die einfachste Form der Verankerung im Ruderhebel des Servos. Natürlich kann man auch sogenannte Gabel- oder Kugelköpfe dafür nehmen. Sie werden auf Stahldrähte mit 2 mm Gewinde aufgeschraubt. Es gibt sie in Kunststoff- oder Metallausführung. Die Gabelköpfe (in Form einer Stimmgabel) werden vorne aufgedrückt, der vorhandene kleine Bolzen in das Loch des Ruderhebels gesteckt und dann wieder zusammengedrückt (genaugenommen schnappen diese Gabelköpfe von selbst wieder zu, weil eine Art Federwirkung vorhanden ist). Nun können sich die Gabeln am Ruderhebel oder der Steuerscheibe bewegen und die Drehbewegung des Servos in die lineare Bewegung des Gestänges übertragen.

Der Kugelkopf
Komfortabler ist der Kugelkopf. Dieser sitzt auf dem Servohebel oder der Steuerscheibe und bewegt sich mit diesen. Auf den Kugelkopf, genauer auf die Kugel, wird die Kugelpfanne aufgedrückt (eingeclipst) und kann nun wieder Bewegung an das Gestänge weitergeben. Der Vorteil der Kugelkopfgestänge liegt in der allseitigen Beweglichkeit. Es können nicht nur lineare Bewegungen in einer Ebene (also waagrecht oder senkrecht) übertragen werden, sondern auch in verschiedenen Schräglagen. Besonders bei den Anlenkungen von schlecht erreichbaren Rudern oder mechanischen Fahrtreglern (Drehzahlregelung des Motors) hat sich dieses System bewährt.

Der Bowdenzug

Der Name ist aus dem Kfz oder vom Fahrrad her bekannt. Die dortigen Bowdenzüge haben fast immer Stahlspiralen als Hülle (Rohr) und geflochtene Stahlseile als Zug (Seele). Im Modellbau findet fast nur noch der Kunststoff-Bowdenzug Verwendung. In einem Außenrohr aus Nylon oder ähnlichem Material läuft der Bowdenzug aus dünnem Stahldraht (meist 0,8 mm Ø) oder ebenfalls aus einem zähen Kunststoffmaterial (Nylon u.a.). An den Enden werden Gewindebuchsen (Stahlröhrchen mit

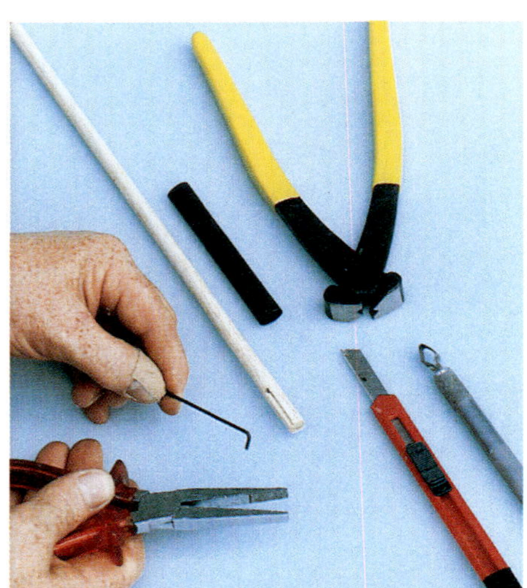

Die Schubstangen für die Anlenkung von Rudern oder mechanischen Fahrtreglern benötigen oft eine Abkröpfung. Diese Abkröpfung erzielt man am einfachsten mit einer Spezialzange, aber auch mit jeder guten, schmalen Flachzange.

Gewindeverlängerung) zum Aufschrauben der Gabel- oder Kugelköpfe angebracht (verklebt, verlötet oder gequetscht). Der Hauptvorteil dieser Bowdenzüge im Schiffsmodell besteht in ihrer Elastizität, sie lassen sich im Rumpf oft besser verlegen.

Mechanische Fahrtregler sind im Schiffsmodellbau, speziell bei Rennbooten, kaum noch vorhanden, weil ihre Leistungsfähigkeit nicht immer ausreicht. Unser Bild zeigt die komplett verdrahtete Antriebseinheit des Getriebeantriebes aus Kyoshos »Sea Dagger«.

Der Fahrtregler

Es gibt mechanische und elektronische Fahrtregler. Gebräuchliche Bezeichnungen sind auch: Drehzahlregler, Widerstandsregler und Drehzahlsteller (echte Drehzahlsteller sind sehr selten, sie stellen eine genaue Motordrehzahl ein und halten diese, ohne sich von Belastung und Spannungsschwankungen beeinflussen zu lassen). Im Lieferumfang der Baukästen von E-Booten sind Fahrtregler nicht (oder selten nur mechanische) enthalten. Der mechanische Regler wird durch Drehen eines Schleifkontaktes geregelt; je nach Stellung des Schleifers (der vom Servo angesteuert wird), ergibt sich ein bestimmter Widerstandswert in der Leitung vom Akku zum Motor. So entsteht wiederum eine bestimmte Motordrehzahl und damit die Geschwindigkeit des Modells. Der Nachteil aller Widerstandsregler ist die dabei »verpulverte« Energie in Form von Wärme, die am Widerstand entsteht, und die schnelle Abnutzung des Schleifers. Der Vorteil ist der günstige Preis und die Vorwärts-/Rückwärtssteuerung, die jedoch nicht unbedingt in jedem Boot benötigt wird. Außerdem arbeitet der mechanische Regler nicht feinfühlig genug und ist höheren Belastungen manchmal nicht gewachsen.

Die elektronischen Fahrtregler sehen sich inzwischen zwar äußerlich sehr ähnlich, ihr Innenleben ist jedoch grundverschieden. Auf dem Foto unterscheiden sie sich hauptsächlich durch unterschiedliche Steckkontakte. Manche der abgebildeten Regler werden zwar als Flugregler bezeichnet, eignen sich jedoch auch zum Betreiben in Booten.

Das sind die Gründe, weshalb z.B. in Rennbooten eigentlich nur elektronische Fahrtregler eingebaut werden.
Manche der elektronischen Regler bieten nur »Vorwärts« an, was von Wettbewerbsfahrern meist so gewünscht wird. Der Normalmodellbauer hat dagegen mehr Freude am Fahren, wenn er sein Schiff vorwärts und rückwärts steuern kann. Deshalb sind jetzt immer mehr elektronische Fahrtregler mit beiden Richtungsmöglichkeiten im Handel. Vom relativ hohen Anschaffungspreis des elektronischen Drehzahlreglers muß man die Kosten für ein Servo abziehen, weil beim elektronischen Bauteil keine mechanische Ansteuerung übers Servo nötig ist. Diese Fahrtregler werden direkt am Empfänger angesteckt, anstatt des oben beschriebenen Reglerservos. Die Motorkabel gehen entweder direkt vom Fahrtregler zu den Anschlußfahnen des Motors (verlötet) oder werden mit sog. »Goldsteckern« zusammengesteckt. Die Preise für elektrische Fahrtregler bewegen sich, je nach Komfort und High-tech, zwischen DM 120,- und DM 500,-.

Die elektrische Verdrahtung (Kabelsalat)

Den vielzitierten Kabelsalat darf es in einem Schiffsmodell nicht geben! Die vielen Leitungen müssen ordentlich und im Modell teilweise gebündelt verlegt und befestigt sein. Natürlich immer im Rahmen des technisch Möglichen. So werden z.B. die Motorkabel zwischen Motor und Fahrtregler evtl. mit Kabelbindern zusammengerollt und am Rumpfboden oder seitlich im Rumpf gebündelt. Überhaupt darf es keine flatternden oder frei nach außen liegenden Kabel geben! Allerdings ist immer auf die sog. »Zugentlastung« zu achten, d.h. die Kabel dürfen auch (speziell bei Servokabeln und der Antenne) nicht spannen, weil sie sonst abreißen können. Auch ein teilweises Auseinanderziehen der Steckkontakte kann so entstehen und zu Störungen führen. Über scharfe Kanten oder um enge Knicke werden sie ebenfalls nicht oder nur locker geführt.

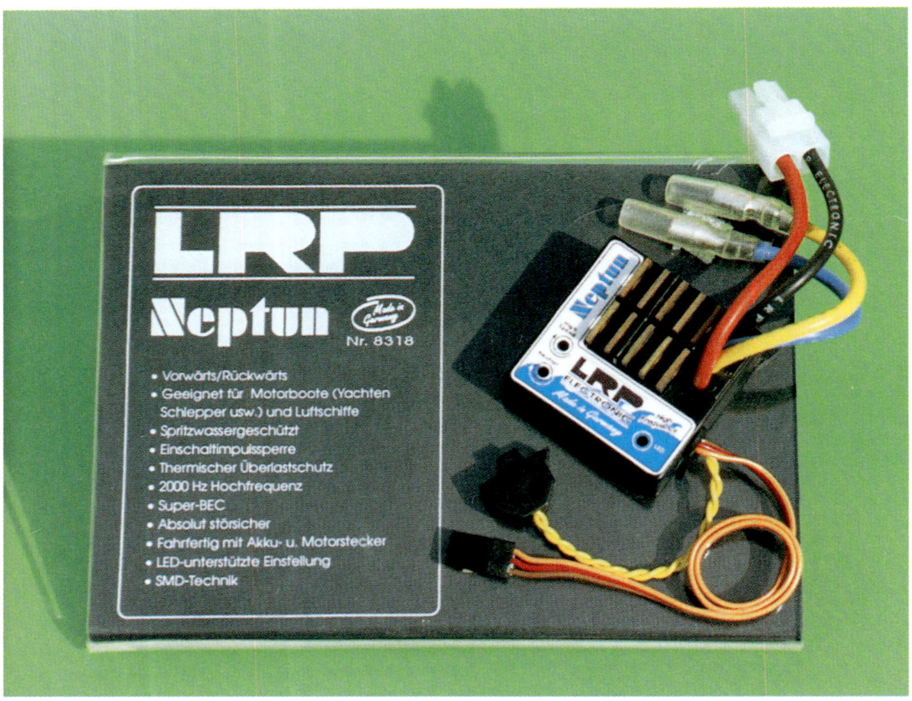

Die BEC-Einheit

Das Schalterkabel führt vom Empfängerakku (falls vorhanden) über den Ein/-Ausschalter zum Empfänger. Immer häufiger gibt es an Stelle des Empfängerakkus eine BEC-Stromversorgung (Battery Eliminator Circuit). Dies ist die Stromversorgung des Empfängers aus dem Fahrakku. Da der Fahrakku mindestens 7,2 V hat, der Empfänger aber nur maximal 6 Volt verträgt, wird durch eine Spannungsbegrenzungsschaltung (BEC) die richtige Versorgung gewährleistet. Gute BEC-Schaltungen sorgen außerdem dafür, daß bei fast leerem Fahrakku zuerst der Motor abgestellt wird, während die RC-Anlage noch weiter funktioniert. Die weniger guten zeigen sich eher in unkontrollierten Bewegungen des Modells bei fast entleertem Fahrakku. Dann heißt es schnell reagieren, das Schiff zügig zum nächstgelegenen Ufer steuern und möglichst sofort aus dem Wasser holen, weil unkontrollierte Fahrmanöver auftreten können. Benutzt man qualitativ hochwertige elektronische Fahrtregler, so kann man von einer sehr guten BEC-Versorgung ausgehen, so daß solche Situationen gar nicht entstehen. Man bemerkt auch am langsamer werdenden Modell, daß es Zeit ist, ans Ufer zu fahren.

Die Knüppelbelegung am Sender

Die am Sender vorhandenen Steuerknüppel geben die ausgeführte Bewegung über die Senderelektronik und die Antenne digital-proportional an den

Der LRP-Fahrtregler zeigt anschaulich, daß diese Geräte ständig kleiner und dabei noch leistungsfähiger werden.

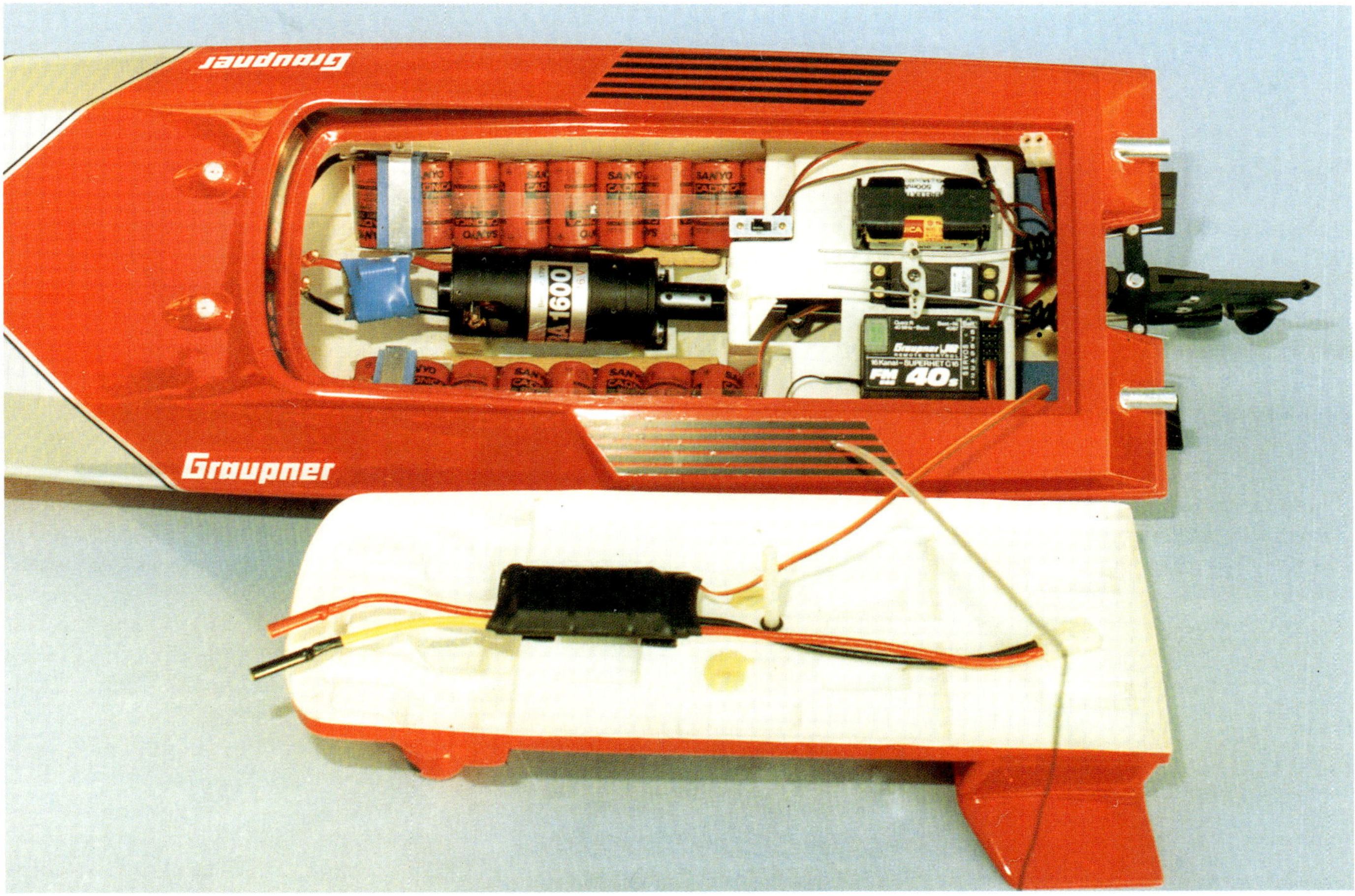

Aus Platzgründen wurde in diesem Rennboot der Fahrtregler von innen mit Klettband an den Deckel geklebt. Dort erhält er ausreichend Kühlluft und die Kabel stören nicht.

Empfänger, und damit an die Servos, weiter. Natürlich liegt da noch jede Menge elektronisches »Knoff-hoff« dazwischen. Wichtig ist nur, daß die ausgeführte Bewegung sinngemäß beim Modell ankommt, also eine Steuerung nach rechts auch das Ausschlagen des Ruders nach rechts bewirkt. Voraussetzung dafür ist die Zuordnung der Servos (bzw. des Fahrtreglers) zum richtigen Empfängerausgang und die richtige Drehrichtung der Rudermaschinen. Die Zuordnung der Kabelstecker zur entsprechenden Empfängerbuchse geht aus den Bedienungsanleitungen der RC-Anlagen hervor, eine Festlegung ist hier nicht möglich, weil Unterschiede von Hersteller zu Hersteller bestehen. Die Drehrichtung des Servos kann bei sehr vielen Anlagen mittels Schalter oder Programmeingabe am Computer-Sender verändert werden. Wäre dies tatsächlich einmal nicht möglich, müßte das jeweilige Servo anders eingebaut und damit auch das Gestänge wieder neu angepaßt werden. Dieser äußerst seltene Fall tritt jedoch kaum noch ein und ist entgegen früher (etwa vor 1985) nicht mehr von Bedeutung.
Welchen Knüppel am Sender man für welche Ausführung wählt, ist eigentlich ein bißchen Geschmackssache, oder abhängig von eingefahrenen Gewohnheiten. So z.B. davon, ob man mehr Rechts- oder Linkshänder ist. Der Normalfall wird sein, daß man auf den rechten Knüppel die Lenkung des Schiffs legt – und da natürlich rechter Ausschlag = Steuer nach rechts und umgekehrt. Am linken Knüppel ist dann die Fahrtregelung zu finden, also Gas geben.

Die häufigste Form ist: Knüppel nach vorne = Gas; Knüppel zum Bauch = Motor abstellen. Warum dies so ist, ist mir nicht bekannt; ich weiß nur soviel, daß es bei mir genau umgekehrt geht: Durch Ziehen (zum Körper hin) des linken Knüppels gebe ich Gas, durch Drücken (nach vorne) wird der Motor abgestellt. Einmal so angewöhnt, ist es immer so geblieben. Probleme gibt's nur beim Vertauschen von RC-Sendern mit denen anderer Modellbauer.
Fazit: Jeder macht es so, wie es ihm am besten liegt.

Lackieren und Gestalten

Sprühen oder Pinseln?

Jeder einigermaßen erfahrene Bastler weiß, daß Spraylackierungen schöner sind als aufgepinselte Farbe. Natürlich gilt dies auch für RC-Modelle, deshalb werden die Lackierarbeiten überwiegend mit Spraydosen ausgeführt. Die Rümpfe bestehen vielfach aus Kunststoff, meist ist es ABS (siehe Seite 11, 19 und 40). Ab und zu wird auch GFK (Glasfaserkunststoff) verwendet, dies ist aber bei Einsteigermodellen eher selten. Ebenso selten gibt es Rümpfe oder Teile davon aus Polystyrol. Darauf muß auch die Lackierung eingehen. Damit der Lack haftet, muß die zu lackierende Fläche vorbehandelt werden und bestimmte Farben Verwendung finden. Die Vorbehandlung besteht in einem »Waschgang«. Das Kunststoffteil wird mit Spülmittelwasser abgewaschen und damit entfettet und dann an der Luft getrocknet. Achtung! Nie mit Tüchern abreiben, das ergibt statische Aufladung und damit wieder einen Staubfänger ersten Ranges. Es gibt auch »Antistatiktücher« zum Staubabwischen, aber diese Tücher hinterlassen eine hauchdünne Silikonschicht, auf der die meisten Lacke nicht haften. Früher wurden Kunststoffe häufig auch leicht angeschliffen, damit der Lack besser hält. Das ist bei den heutigen Lacken nicht unbedingt nötig, kann aber nach wie vor praktiziert werden. Achten Sie aber darauf, daß keine allzu tiefen Riefen entstehen und alle Schleifreste gründlich entfernt werden. Das Aufrauhen (Anschleifen) erfolgt am besten mit Naßschleifpapier (600er Körnung) und unter stetigem Abspülen mit Wasser. Natürlich wird zum Schluß mit Spülmittel gearbeitet wie oben beschrieben. Auf die trockenen Teile kann auch ein spezieller »Primer«, ein Vorbehandlungsmittel für Kunststoffe (speziell bei GFK), aufgetragen werden, bevor lackiert wird. Meine Ergebnisse waren bisher auch ohne Primer und ohne Anschleifen erfolgreich. Bei den ABS-Rümpfen habe ich stets nur gründlich gesäubert, weil oft Fettflecken oder Fingerspuren vom Bauen vorhanden sind. Auch Klebstoffreste, Tropfnasen usw. müssen entfernt werden. Dazu nimmt man einen Leinen- oder Baumwollappen mit ein paar Tropfen Lackverdünner. Natürlich nur von Lacken, die mit diesen Kunststoffen verträglich sind. Auch vorsichtiges Anschleifen wäre hier wieder angebracht. Es bleibt danach das Waschen im Spülmittelbad und das Abtrocknen ohne Tücher und Reiben. Natürlich muß der Platz zum Trocknen (Ablüften) relativ staubfrei sein (ganz staubfrei gibt es nicht). Dies gilt natürlich erst recht fürs Lackieren.

Auf dieser befeuchteten, Staub und Sprühnebel absorbierenden Fläche können die Modellrümpfe sehr gut mit Farbe aus Spraydosen lackiert werden.

Wo wird lackiert?

Sehr gut geeignet sind geflieste Räume (Bad), die zusätzlich noch befeuchtet werden können. Da Hausfrauen oft etwas gegen Sprühnebel oder kleine Kleckser auf den edlen Badfliesen haben, behilft man sich z.B. mit einer Folienkiste oder einer gefliesten Werkstattecke. (Aber Vorsicht! In den meisten Werkstätten kann sehr viel Staub aufgewirbelt werden). Ist also das Feuchthalten von Wänden und Boden mittels naß Abwischen oder vorherigem feinen Absprühen (Dusche) nicht möglich, kann man auch eine Lackierecke provisorisch im Freien vorbereiten. Man nimmt den wind- und staubgeschütztesten Teil des Hofraums, Gartens oder Balkons und legt alte Zeitungen aus. Diese werden mit Wasser eingesprüht, um den Staub besser zu binden. Bevor sie wieder trocken sind, wird lackiert. Voraussetzung ist natürlich Windstille und Temperaturen über 15 °C. Eine echte Sprühkabine oder den Lackierraum mit Absaugung kann das alles natürlich nicht ersetzen. Außerdem muß auf Schutz der Augen und der Atemwege geachtet werden (Schutzmaske, Brille usw.). Es ist auch immer mit Sprühnebel zu rechnen, der sich überall in der Umgebung (Wände, Böden, Gartenpflanzen, Kleidung usw.) niederschlägt. So gesehen ist eine Pinsellackierung natürlich einfacher. Auch die Modellteile, die andersfarbig oder gar nicht lackiert werden sollen (wie z.B. Teile der Kabinenhaube bei Rennbooten) müssen dabei nicht so exakt und dicht abgeklebt sein.

Die Kunststoffrümpfe der Schiffsmodelle (überwiegend aus ABS) lackiert man am besten aus der Sprühdose. Der Abstand sollte etwa 20–30 cm betragen (das Foto täuscht hier etwas) und die Farbe im sog. Kreuzgang aufgesprüht werden. Also einmal von links nach rechts und dann quer drüber von oben nach unten. Die Farbe darf nicht zu naß werden, um Tropfnasen zu vermeiden. Zu großer Abstand dagegen ergibt staubkornartigen, sandigen Sprühnebel auf dem Untergrund.

Schutzfolien, Werkzeuge, Farben

Das Abkleben ist sehr wichtig. Je genauer und dichter bei Kajüten oder anderen Aufbauten z.B. die »Fenster« oder irgendwelche Verzierungen, Muster abgeklebt werden, um so sauberer ist das Ergebnis. Deshalb gibt es bei einigen Modellen sogar gestanzte Folienschablonen, die genau auf die abzudeckenden Teile passen. Diese Schablonen befinden sich meist auf den Bögen mit den Dekorbildern. Sind keine fertigen Schablonen dabei, ist oft der Abfall- oder Randbereich groß genug, um sich daraus welche zu schneiden. Auch Paketklebebänder oder Maskierfolien eignen sich gut dafür. Wichtig ist, daß das Band an den Rändern der abgeklebten Fläche sehr sauber angedrückt wird, damit keine Farbe darunter kriecht. Man kann die nötigen Kanten oder Farbgrenzen auch vor dem Lackieren mit dünnen Zierstreifenbändern abkleben. Oder die Farbgrenzen vorher mit dem Pinsel oder Lackstift markieren. Aber aufgepaßt: Nicht alle Sorten vertragen sich mit dem Material (siehe unten). Danach ist das Lackieren wesentlich einfacher. Ausgeschnitten werden Dekor- oder Abklebefolien (falls sie nicht gestanzt sind) mit Schere oder Skalpell. Eventuell eigene Formen werden vorher aufgezeichnet oder durchgepaust und freihändig oder am Kurvenlineal mit dem Skalpell ausgeschnitten.

Lacke und Verdünner

Kunststoffrümpfe und Folien erfordern spezielle Lacke. Die üblichen, meist in Kaufhäusern angebotenen Autolacke, greifen ABS und Polystyrol zwar nicht sofort sichtbar an, führen aber später oft zum Verspröden des Materials. Von den Industrielacken können allenfalls sog. Helmfarben (wie sie zur Bemalung von Motorradsturzhelmen verwendet werden) benutzt werden. Sicherer ist auf allen im Modellbau verwendeten Chemiematerialien jedoch der Einsatz spezieller Modellbaulacke. Davon sind von mehreren Anbietern gute Qualitäten auf dem Markt. Man sollte sich an eine Sorte gewöhnen und dann dabei bleiben. Ein guter Lack für Kunststoffe ist die Marke *Pactra*, die von der Firma *Krick* derzeit über den Modellbaufachhandel angeboten wird. *Pactra*-Lacke gibt es in vielen Farbtönen, als Spraydose und Pinselfarbe. Auch die anderen namhaften Modellbaufirmen führen jeweils ein eigenes Farbenprogramm (so z.B. Polyurethanlack von *Simprop*). Verdünner für Modellbaulacke sind kaum nötig, nur zum Einstellen der Farbe auf die richtige Konsistenz beim Sprühen mit Airbrush oder mit größeren Sprühpistolen. Außerdem natürlich zum Reini-

Schon seit einigen Jahren haben sich die Polyurethanfarben, wie sie z.B. die Modellbaufirma Simprop *anbietet, für Streich- und Sprüharbeiten sehr gut bewährt.*

gen von Geräten und Pinseln. Achtung: Benutzen Sie nie Nitro-Verdünner oder andere, vorher nicht geprüfte Lösungsmittel (wie z.B. auch Aceton) zum Reinigen der Kunststoffteile oder Folien. Es ist überhaupt dringend zu raten, grundsätzlich Vorversuche auf Überschuß- oder Restmaterial durchzuführen. Das gilt auch, wenn man die gleichen Marken immer wieder verwendet, weil die Hersteller manchmal die Zusammensetzung von Lacken und Verdünnern bzw. Reinigern ändern.

Airbrush

Eine Spezialtechnik des Sprühlackierens ist die Arbeit mit dem Airbrush, das Lackieren mit dem Luftpinsel. Es handelt sich um eine künstlerische und sehr dekorative Form des Farbsprühens. Meist wird der Airbrush zur Ausführung von diffizilen Farbaufträgen, zur Gestaltung von besonderen Motiven auf Kabinen von Rennbooten, Rümpfen usw. verwendet. Die berühmten Sonnenuntergänge, also das »Marlboro-Motiv«, sind ein Beispiel dafür. Solche Spielereien sind auf fast allen Modellen möglich. Aber natürlich auch die »stinknormale« Farbgebung eines ganzen Bootsrumpfes oder der Decksaufbauten oder umgekehrt nur das Anbringen von Zierstreifen und Mustern. Die Airbrushtechnik ist so vielfältig, daß darüber eine Menge Bücher angeboten werden, eine ausführliche Behandlung des Themas ist in diesem Buch nicht möglich (Empfehlenswert: Mathias Faber, Airbrush für Modellbauer; oder: Peter Owen und C. Michael Mette, Airbrush – Neue Ideen, im gleichen Verlag).

Dekor

Fertige Aufkleber

Viele Baukästen enthalten Folienbögen mit verschiedenen Dekorbildern. Diese sind meistens nicht ausgestanzt, sondern müssen aus den Bögen mit der Schere herausgetrennt werden. Dabei muß ziemlich dicht um das gedruckte Motiv geschnitten werden, so daß nur ein schmaler Rand des klaren Klebefilms stehenbleibt. Das ausgeschnittene Motiv wird zusammen mit der Schutzfolie zuerst einmal probeweise auf die Stelle gelegt, auf der es dann kleben soll. Paßt es, zieht man anschließend das Schutzpapier (oder die Schutzfolie) ab. Aber vorsichtig sein, denn viele Dekoraufkleber rollen dabei ein, verkleben und werden unbrauchbar. Deshalb ist es oft angebracht, nur eine Ecke des Schutzmaterials abzuziehen, das Dekorbild an der richtigen Stelle auf Rumpf oder Decksaufbauten, Rennbootspoiler usw. anzuheften, leicht anzudrücken und dann von dort ausgehend festzustreichen. Dazu nimmt man am besten einen sauberen, weichen Baumwollappen oder ein Fensterleder. Das Dekorbild darf jetzt nicht mehr verschoben und keinesfalls wieder abgerissen werden. Der noch frische Lack würde mit abgezogen oder die Dekorfolie beschädigt werden. Will man mit dem Aufkleber vielleicht doch noch etwas herumrutschen und eventuelle Luftblasen sicher vermeiden, gibt es einen besonderen Trick. Es wird eine Spülmittellösung bereitgestellt. Dazu etwas mehr Pril o.ä. verwenden als zum Spülen der Teller sonst üblich ist. In diese Lösung werden die Dekors nach dem völligen Abziehen der Schutzfolie einmal kräftig eingetaucht und dann sofort naß auf die gewünschte Stelle gelegt. Man kann jetzt solange hin- und herschieben bis die richtige Plazierung gefunden ist. Dann wird das überschüssige Spülmittel herausgedrückt (mit dem Lappen, wie oben) und fertig ist die Verzierung.

Klarlack

Nachdem alle Dekors aufgebracht und gut angetrocknet sind, ist es aus mehreren Gründen (siehe unten) oft empfehlenswert, einen Schutzlack (Klarlack) aufzusprühen. Dabei gilt allerdings: Kein Klarlack bleibt absolut klar! Er wird mit

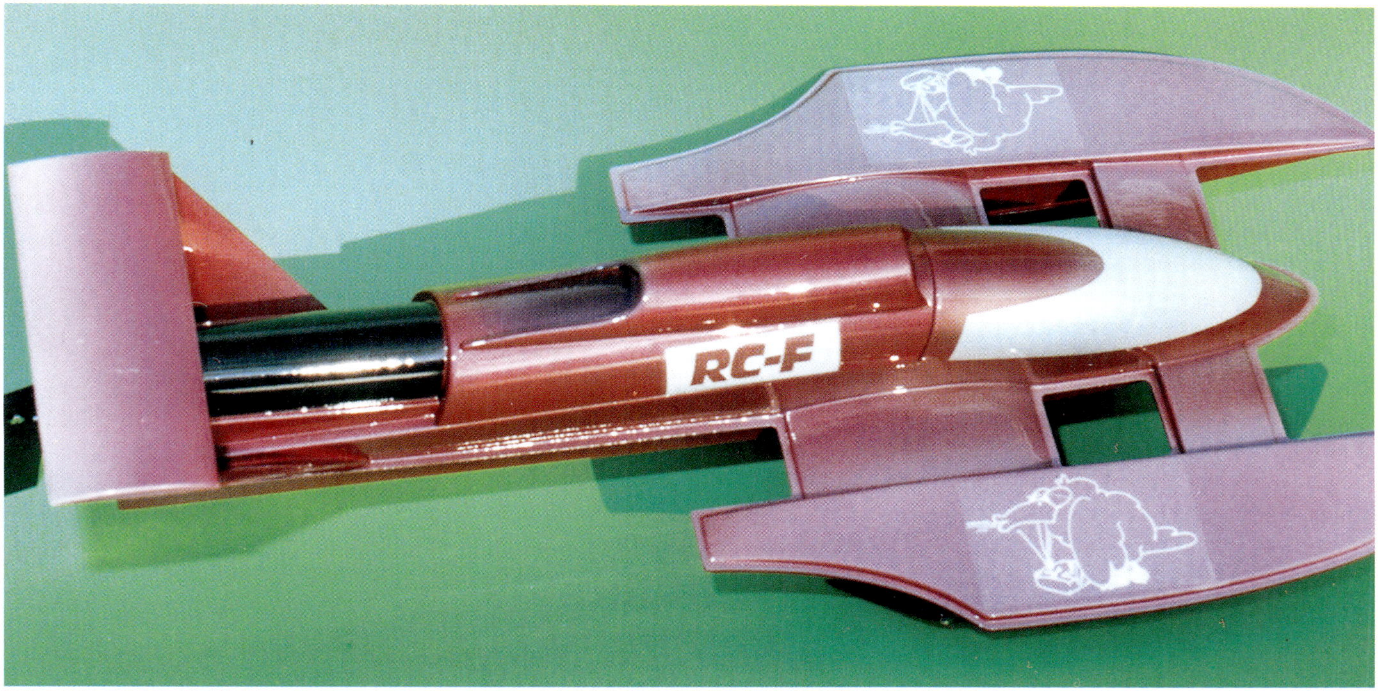

Eine metallisierende Lackierung und zusätzliche Firmenlogos lassen sich mit Airbrush besser anfertigen als mit anderen Lackiertechniken. Den RC-F-Tornado (RC-F steht für »RC-FREIZEIT«, eine Zeitung für Modellbau) lackierte Mathias Faber, der Autor einiger Airbrush-Bücher.

der Zeit immer etwas vergilben, also einen leicht gelblichen Ton annehmen. Außerdem muß vorher sichergestellt sein, daß er sich mit dem Grundlack und den verschiedenen Dekors und Folien verträgt! Das erfahren Sie durch Versuche an gleichartigen Restmaterialien. Der Vorteil des Klarlacküberzugs ist der bessere Schutz der Verzierungen vor einem Ablösen, die bessere Waschmöglichkeit (es gibt immer mal Gras- oder Erdspuren und später bei Verbrennermodellen Ölrückstände aus dem Motor) und – falls richtig gesprüht wurde (nicht zu fett, im Kreuzgang, Abstand 20 bis 30 cm) – auch zusätzlicher Glanz. Macht man Fehler beim Aufsprühen, erreicht man genau das Gegenteil; es gibt »Tropfnasen«, Sprühnebel mit Matteffekt oder zu starken »Gilb«. Außerdem erhält man eine nicht zu unterschätzende Gewichtszunahme (was bei kleinen Rennbooten wichtig sein kann).

Beim Aufkleben der Dekorfolien ist es besser, immer nur einen Teil der Schutzfolie abzuziehen und das Motiv Stück für Stück anzureiben.

Eigene Motive

Viele Modellbauer entwerfen für die Dekorierung ihrer Modelle inzwischen schon eigene Motive, z.B. mit Grafikprogrammen am PC. Mit einem Laserdrucker auf Papier ausgedruckt, werden die Motive mit dem Fotokopierer auf kopierergeeignete Folien übertragen. Viele Drucker drucken auch schon direkt auf unterschiedlichste Folien. Es können aber auch Klebefolien aus der Reprotechnik verwendet werden, wo es eine Anzahl selbstklebender, durchsichtiger oder weißer Folien gibt (wie z.B. Copyproof von *Agfa*), die sich dafür genauso eignen, wie die bekannten *Letraset*-Produkte. Ich empfehle, sich in gut sortierten Büro- und Schreibwarenhandlungen oder beim Dekorationsbedarf umzusehen. Der eigenen Kreativität sind bestimmt keine Grenzen gesetzt.

Fahren (Training)

Jetzt geht's los! Es wird gefahren. Das Modell ist fertig, alle Funktionen sind überprüft, Motor und Getriebe eingelaufen, die Akkus (Fahrakku, Sender- und Empfängerakku) vorschriftsmäßig geladen. Das Wetter sollte auch mitspielen, kein stärkerer Wind, und auch Regen ist nicht gerade das Richtige für das Modell und die elektrischen Funktionen, auch wenn man Schutzmaßnahmen, wie z.B. Folienbeutel für den Empfänger usw., getroffen hat.

Wo wird gefahren?

Die wichtigste Frage vor dem Start lautet: Wo kann ich fahren? Nun, zuerst ist der Modelltyp ausschlaggebend. Das Verbrennerrennboot bietet weniger Möglichkeiten als ein Segelschiff oder Elektroboot. Denn einen Kiesweiher (Baggersee) oder andere Teiche findet man immer. Wichtig: Es muß ein offenes Gewässer sein (keine Fischteiche), und es sollten keine Badegäste im Wasser sein. Natürlich kann man gleich von Anfang an in einen Modellsportverein eintreten und dort mitfahren. Oft ist jedoch so ein »Vereinsleben« Geschmackssache und vielfach wird sowieso niemand mehr in den Verein aufgenommen.

Die Haftpflichtversicherung

Sehr wichtig ist die Risiko- bzw. Haftungsfrage und ob man jemanden stört. Da auch Elektromodelle ganz schön schnell werden können und relativ gewichtig sind, können sie bei Unfällen erheblichen Schaden anrichten. Deshalb muß einerseits der störungsfreie Betrieb soweit wie möglich sichergestellt sein und andererseits für eine Haftpflichtversicherung gesorgt werden. Der störungsfreie Betrieb ist durch technisch einwandfreien Aufbau, durch regelmäßige Prüfungen und durch Qualitätsprodukte erreichbar – von außen können »nur« Funkstörungen Fehler verursachen. Stellt man solche fest, ist es immer besser, sofort den Ort zu wechseln (absolut »leere« Frequenzen gibt es in Deutschland nicht mehr; es ist nur eine Frage, wie stark sich diese »Störsender« auswirken). Ob man selbst mit dem Modell jemanden stört (weniger durch Funk, mehr durch die ganze Aktion) ist spätestens beim ersten Versuch festzustellen. Als Grundprinzip gilt, immer freundlich bleiben, keine Debatten führen, lieber den Platz wechseln.
Normalerweise ist ein reines Segelschiff oder ein Elektroboot nicht sehr störend; allenfalls zu nahe an Wohngebieten oder bei besonders schutzwürdiger Landschaft könnte dies der Fall sein. Umsichtige Modellbauer bleiben dort sowieso weg. Man sollte darüber nachdenken, ob man selbst als Betroffener so etwas möchte. Größere Probleme kann es im Sommer mit Badegästen geben, vor allem auf kleine Kinder ist unbedingt zu achten!
Zur Frage der Haftung: Auf privatem Grund, also der Teichanlage eines Landwirtes oder Vereins, ist vorrangig die Erlaubnis des Besitzers einzuholen. Nur dann ist überhaupt das Fahren erlaubt und die Privathaftpflicht kann – falls

Rennen zu fahren ist natürlich für jugendliche Modellbauer der größte Spaß.

1
3

nötig – einspringen. Eine Privathaftpflicht muß aber speziell für das von Ihnen betriebene Modell abgeschlossen sein.

Normale Haftpflichtverträge umfassen keine Modellschiffe.

Besser ist eine spezielle Versicherung, die es u.a. auch über den Dachverband *Nauticus* gibt. Hier die Adresse:
Nauticus e.V.
Geschäftsstelle: Anneliese Hoppe
Heinbergweg 10, 58455 Witten

Die Senderreichweite prüfen

Als letzte Prüfung kann man einen Reichweitentest durchführen. Dies ist bei den heutigen Fernsteueranlagen eigentlich nicht unbedingt nötig, bringt aber ein zusätzliches Sicherheitsgefühl. Dazu wird das Schiffsmodell auf einer Wiese oder einem Flurweg o.ä. mit eingeschaltetem Empfänger davongetragen, während ein Helfer am Fernsteuersender »knüppelt«. Die Ausschläge des Ruders müssen zügig und ohne ruckeln oder Unterbrechung erfolgen. Die Servos sollten nicht brummen oder extreme Geräusche abgeben (inzwischen kennt man vom Einbau und Einlaufen her in etwa den richtigen Ton). Falls der Motor am Fahrtregler angesteckt wird, kann auch die Motorregelung nochmals überprüft werden. (Vorsicht! Den Propeller frei drehen lassen, nicht »Vollgas« geben und auf die Antenne achten). Dann wird hinterher aber eventuell das Nachladen des Fahrakkus nötig. Oder man verbraucht die restliche Energie bei einer Probefahrt, was gar nicht mal so schlecht ist. Am Anfang sind lange Fahrten für den Piloten sowieso zu anstrengend. Übrigens, der Reichweitentest sollte mindestens 400 bis 500 m fehlerfrei funktionieren.

Ein »Schmalspurtest« ist mit fast eingezogener (etwa 20 cm langer) Senderantenne machbar, dann muß richtiger Betrieb immer noch rund 50 bis 80 m weit möglich sein.

Das Modellbauer-Gesetz

Bevor es nun also endlich losgeht, noch ein Modellbauer-Gesetz, eine erste Versicherung sozusagen:

Immer zuerst den Sender einschalten, dann den Empfänger! Und immer zuerst den Empfänger ausschalten (bei Betriebsende) und dann den Sender!

So kann in der Zeit vor dem Start ein Fremdeinwirken (auch schwacher) anderer Sender vermieden werden! Es könnte sonst zum Start des Antriebes kommen, obwohl man selbst noch gar nicht am Senderknüppel ist. Erfahrene Modellbauer wissen, welche schlimmen Verletzungen auch die scheinbar schwachen Elektroantriebe anrichten können!

Bei voller Fahrt und vollem Ruderausschlag neigen sich die starken, schnellen Boote, wie z.B. »Jet Stream« oder »Key Biscayne«, sehr deutlich auf die Seite.

Die erste Probefahrt

Nun wird der Fahrakku angesteckt und der Empfänger eingeschaltet, das Schiffsmodell wird an einer günstigen Stelle (flaches Ufer ohne Schlingpflanzen und Schmutz) ins Wasser gesetzt und mit leichtem Schubs freigegeben. Die Senderknüppel (und deshalb auch die Servos) sind in Nullstellung (neutral), das Ruder ist geradeaus gestellt, ebenso ist der Fahrtregler in Nullposition, also der Motor aus. Jetzt gibt man etwas Gas (drückt oder zieht den Knüppel, je nachdem wie er eingestellt ist (siehe Seite 67), und sofort erkennt man, wie das Boot auf Beschleunigung reagiert, ob es nur schwerfällig in Fahrt kommt oder gleich flott davonzieht.

Mit den Trimmklappen, das sind verstellbare Winkel am Heck der Rennboote, kann die Lage des Rumpfes im Wasser bei schneller Fahrt bestimmt werden. Je nach Stellung der unteren Prallplatte wird der Bug des Bootes mehr oder weniger hoch aus dem Wasser gehoben.

Figuren fahren

Nach erfolgtem Motorstart läßt man das Modell eine Strecke (je nach Größe des Sees vielleicht 20 bis 30 m) geradeaus fahren, bevor mit Ruderausschlägen begonnen wird. Das sind dann vorsichtige, nicht volle Ausschläge des Seitenruders (also mit dem rechten Steuerknüppel), kombiniert mit wechselndem »Gasgeben«. So kann man recht schnell erkennen, welchen Einfluß die Geschwindigkeit des Bootes auf die Kurvenlage und Fahrstabilität hat. Speziell bei hochbordigen Modellen wie dem Wassermotorrad »Sea Jet« wirken sich da schon starke Seitenkräfte aufs Kurvenfahren aus. Die richtige Dosierung des Steuerknüppelausschlages ist vom Modell (Rumpfform und Höhe) und den äußeren Einflüssen (Wind, Wellen usw.) abhängig und kann nur durch viel Übung erlernt werden.

Richtiges Knüppeln

Grundsätzlich gilt: Weniger große Ausschläge in kurzen Wiederholungen sind besser als ein lang dauernder Vollausschlag! Auf dieser Basis sollte man also in ausreichend großen Bögen versuchen, Kurven oder Achten zu fahren. Dabei ist nur das Auf-einen-zufahren wirklich schwierig, weil die Lenkreaktionen quasi spiegelbildlich sind. Seitenverkehrtes Denken ist jetzt nötig. Sonst passiert anfangs meist folgendes: Man will mit dem Schiff z.B. von vorne gesehen nach rechts fahren, und lenkt also mit dem Knüppel prompt nach rechts. Man hat vergessen, daß das Modell genau gegenläufig fährt, also vom Standort aus gesehen nach links. Da dies alles recht flott geschieht (bis zu 30 km/h und mehr sind drin) und mit weiteren falschen Reaktionen gerechnet werden muß, kann es ernste Probleme geben. Mein Tip (so mach' ich's noch heute) lautet: **Immer denken, man sitzt im Cockpit!** Gar nicht das Modellboot wie irgendeinen beweglichen Gegenstand anschauen, sondern sich in das Schiff hineindenken! Sich wie ein Liliputaner ins Modell versetzen und rechts = rechts und links = links steuern.
Übung ist alles! Also Kurven und nochmals Kurven fahren. Aber stets die entsprechenden Geschwindigkeitsänderungen einplanen, um unterschiedliche Wellenrichtungen ausgleichen zu können. Ein Rennboot, das quer über eine kräftige Welle zischt, kann ganz schlimm aus der Bahn geraten, wenn es dabei zu schnell ist. Bei diesen ersten Probefahrten können auch Veränderungen am Boot (z.B. bei den Trimmklappen) nötig werden.

Schulung und Hilfe

Aus dieser Sicht ist natürlich die Frage nach Hilfe erlaubt. Soll man also doch in einen Verein gehen und sich helfen lassen? Wie schon weiter oben gesagt, ist dies reine Geschmackssache. Mancher Modellbauer will auch die negativen Erfahrungen – und die gibt es absolut sicher im Modellbau! – ganz allein machen; der andere läßt sich lieber über die Schulter in die Steuerknüppel greifen. Beim Modellflug kann man ein paar Hunderter anlegen und in eine Modellflugschule gehen (meist zwischen 3 und 6 Tagen), um das Modellfliegen zu erlernen. Soweit mir bekannt ist, gibt es eine derartige Ausbildungsmöglichkeit für Modellschiffskapitäne (noch) nicht. Ein Buch allein kann die Fahrpraxis und die nötige Übung auch nicht vermitteln. Aufgrund meiner Erfahrung kann ich nur empfehlen, anfangs gutmütige, nicht zu schnelle Modelle zu wählen.

Wartung und Pflege

Viel Pflege oder Wartung ist bei einem Elektromotorboot nicht nötig und auch gar nicht machbar. Ab und zu sollte man das ganze Modell mit einem leicht feuchten Lappen von Staub befreien und Gras- oder Erdspuren abwischen. Natürlich entfernt man jede Schlingpflanze oder andere Verunreinigungen an der Antriebswelle und am Propeller sofort. Dabei überprüft man stets die Schraubenblätter auf Risse, Einkerbungen usw. Auch der feste Sitz des Propellers auf der Welle wird regelmäßig untersucht. Ebenfalls selbstverständlich ist die Durchsicht des Bootsinneren auf ungewöhnliche Veränderungen (z.B. starker Verbrennungsgeruch als Folge zu heiß gewordener Akkus oder der Motorwicklung und der Kabel) und vor allem auch auf eingedrungenes Wasser. In größeren Abständen sind ein paar Tropfen Öl auf die Kugellager des Motors (an der Motorwelle) angebracht oder etwas neues Fett im Getriebe. Absolutes Muß ist das regelmäßige Fetten der Schiffswelle im Stevenrohr. Damit wird das Eindringen von Wasser verhindert. Die meiste Pflege erfordern die Fahrakkus, da ist sie auch am vorteilhaftesten, weil gut gepflegte (geladene) Akkus sehr viele, lange Fahrten bringen. Ebenfalls sollten immer wieder alle Kabel, und vor allem die Stecker, geprüft und notfalls (falls verbogen

Manchmal treffen sich große und kleine Schiffe auf einem Gewässer, so wie hier beim Eco-Rennen auf dem Forggensee im Allgäu.

Der Hydroantrieb am Beispiel des Rennbootes »Key Biscayne«. Der Propeller am Bildrand rechts unten ist sichtbar beschädigt und muß ausgetauscht werden. Links im Bild ist eine der beiden Trimmklappen sehr gut zu erkennen. Mit diesen verstellbaren Klappen wird die Lage des Bootes bei schneller Fahrt eingestellt.

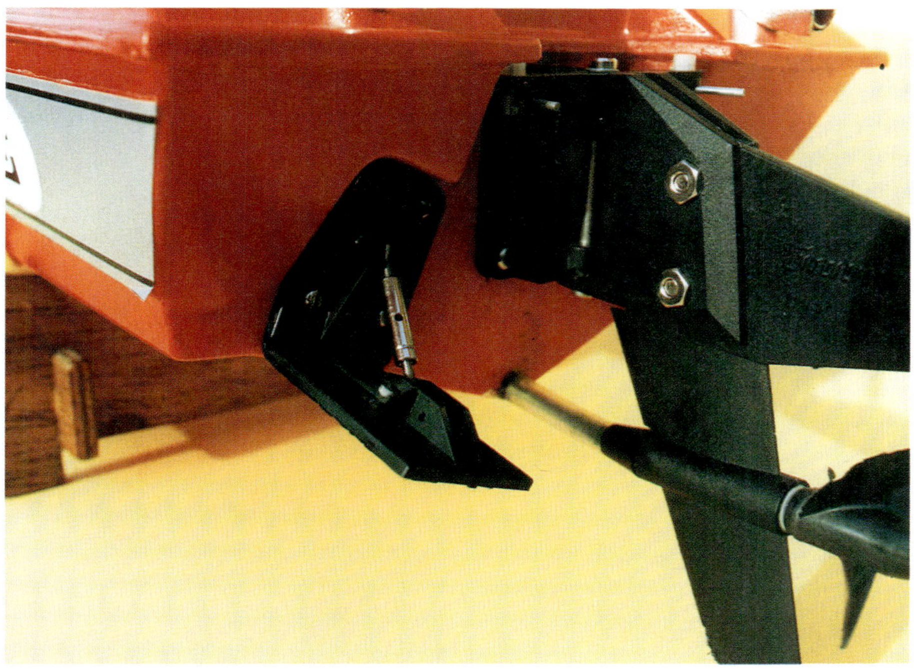

Eine sehr interessante Gattung von Schiffsmodellen sind die Hovercrafts. Es gibt nur noch sehr wenige serienmäßige Bausätze, weil diese Modelle doch etwas schwieriger zu handhaben sind. Für fortgeschrittene Modellbauer jedoch ein äußerst reizvolles Thema.

oder verschmort) erneuert werden. Bei den sog. Goldsteckern wird dies nicht, oder nur nach einem extremen Fahrfehler (Boot steckt mit laufendem Motor fest), vorkommen.
Bei Segelschiffen wird man in größeren Abständen die Takelung (Segelbefestigung) auf den richtigen Sitz prüfen, die Mastbefestigung nachschauen, und vor allem die Seilwinde mit den Seilen immer wieder genau einstellen (Federspannung). Die exakte Aufwicklung des laufenden Guts auf der Seiltrommel ist ebenfalls sehr wichtig.

Erste Durchsicht

Grundsätzlich wird man das Modell nach jeder Fahrt kurz checken, auf jeden Fall aber nach härteren Berührungen mit Untiefen oder der Uferkante. Überhaupt ist der Modellpilot, der sein Gerät öfter prüft, eher auf der sicheren Seite als der kleine Schlamper. So nimmt man ab und zu den Rumpf hoch, um die gesamte Unterseite genau zu betrachten. Oder man prüft den Rumpf innen auf Absplitterungen, lockere Einbauten usw. Beim Antrieb achtet man auf ausgetretenes Öl oder Fett, horcht auf zu laute, quietschende Geräusche oder stellt fest, ob die Schraube irgendwo am Rumpf oder dem Ruder schleift. Sehr wichtig ist auch stets der allgemeine Zustand des Propellers. Wenn irgendwo größere Erdspuren sind, sollte man ebenfalls genauer darunterschauen. Schließlich wiegt man das Modell in der Hand oder legt es in ruhiges, flaches Wasser, um verschobene Gewichte im Rumpfinneren zu bemerken. Als letztes läßt man vor jedem Neustart den Antrieb kurz laufen und testet die Ruderfunktionen. Es hat schon Modellbauer gegeben, die die Anschlußkabel nach Wartungsarbeiten falsch gesteckt hatten, so daß z.B. der Ruderausschlag (rechts/links) vertauscht wurde oder sogar die Motorregelung (Drehzahlregler) mit der Lenkung (Ruder). So kam es beim nächsten Start sofort zu den tollsten Fahrfiguren – meist nur für unbeteiligte Zuschauer lustig.

Ein Grundsatz zum Schluß: Nach einem Unfall muß alles raus! Kein Neustart vor genauer Prüfung!

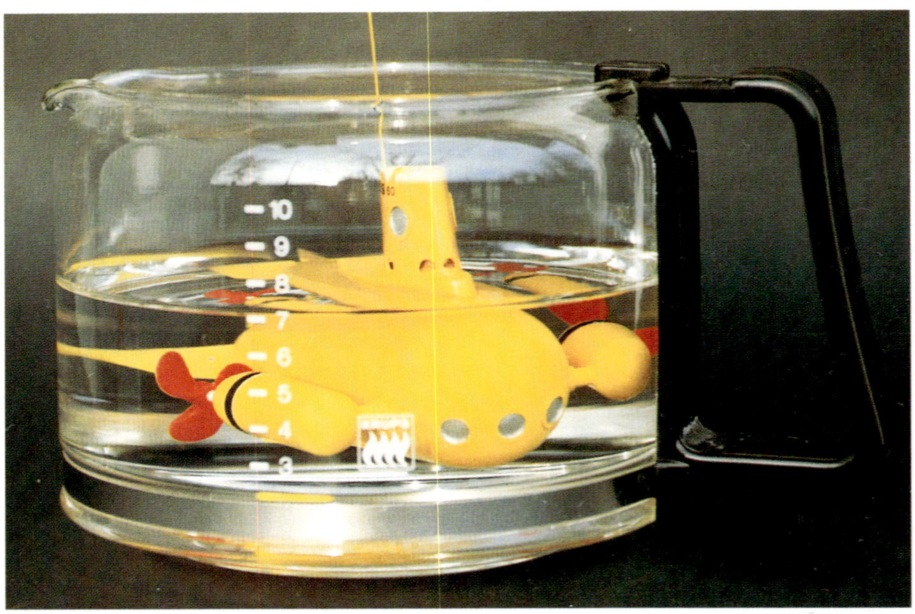

Ebenso reizvoll sind U-Bootmodelle, von denen es einige Bausatzangebote gibt, allerdings kein Baukastenmodell, das in der Kaffeekanne Platz hat. Dieses Mini-U-Boot steht im Guinessbuch der Rekorde; es wurde von dem Augsburger Modellbauer Jörg Sellnow konstruiert und gebaut.

Ausblick

Als Neuling im Modellbau muß man sich darüber klar sein, daß es einen gewissen Materialverschleiß geben wird, d. h. der Zahl der jeweils neuen Modelle setzt nur der Geldbeutel Grenzen. Jedes neue Modell bedeutet aber auch neue Erfahrungen, neuen Spaß, mehr Übung und deshalb schönere Erlebnisse. So kann man sich vom Elektromodell zum Segelboot und weiter zum Rennflitzer oder Verbrennerboot steigern. Steigerungsmöglichkeiten für Ehrgeizige gibt es fast grenzenlos, man denke nur an Großmodelle (mit sehr vielen Sonderfunktionen) oder an spezielle Bauformen wie Segelkatamarane (bis zum Trimaran) oder U-Boote. Viel Spaß machen auch Feuerlöschboote oder Rettungskreuzer mit Tochterbooten u.v.m. Es gibt eine große Auswahl an Antrieben, vom stärkeren E-Motor bis zum Zweitakt- und Viertaktglühzünder und Benzinmotorantrieb. Natürlich kann man auch eigene Konstruktionen probieren oder Experimentalmodelle wie Tragflügelboote, Dampfschiffe oder Solarmodelle einsetzen. Zuerst sollte der Modellbaueinsteiger aber mit seinem ersten Modell üben und nochmals üben! Auch Reparaturen gehören dazu, mancher Schlaumeier benutzt deshalb als zweites Modell das gleiche wie beim ersten Versuch. Man kennt sich damit schon aus und es merkt keiner, daß sich der Erfolg erst mit Verzögerung eingestellt hat. Viel Spaß also bei einem der schönsten Hobbys, dem Modellbau!

In der bekannten Fernsehserie »Rätsel der Sandbank« war das Vorbild zu sehen (das Original liegt am Bodensee); als Modell gibt es die Dampfbarkasse bei Krick.

Zum Autor

Rudolf Gulich, seit über 15 Jahren Chefredakteur der Modellbauzeitung »RC-FREIZEIT« in Augsburg.
Jahrgang 1944, Modellbauer seit 1959, technisches Studium und Journalistenausbildung in Theorie und Praxis (Journalistenschule München, Volontariat und redaktionelle Arbeiten bei diversen Tageszeitungen, Illustrierten und Fachmagazinen).
Seit 1980 wurde das Hobby zum Beruf und im Eigenverlag eine Modellbauzeitung gestartet. Die RC-F (RC-FREIZEIT) ist die einzige, monatlich erscheinende Modellbauzeitung mit hoher Auflage.
Der Autor hat große Praxiserfahrung und testet ständig selbst die unterschiedlichsten Modelle. Hunderte von RC-Modellen wurden bereits geprüft und bewertet. Rudolf Gulich vergibt regelmäßig einen speziellen Qualitätspreis für Modellbauprodukte nach äußerst kritischer Bewertung.
Der Preis ist eine von einem Künstler handgefertigte Bronzeskulptur in limitierter Auflage, der RC-F-Rabe.

Die Deutsche Bibliothek
– CIP-Einheitsaufnahme
RC-Schiffsmodellbau für Einsteiger
Bautechnik, Tips und Tricks, Fahrtechnik und Pflege/Rudolf Gulich. –
Augsburg: Augustus-Verlag, 1995
ISBN 3-8043-0261-0
NE: HST

Fotografie:
Rudolf Gulich,
Rudolf M.Gulich und Thomas Gulich
Lektorat: Elisabeth Namiri, Augsburg
Umschlaggestaltung:
Christa Manner, München, unter Verwendung eines Fotos von Rudolf Gulich
Layout: Anton Walter, Gundelfingen

AUGUSTUS VERLAG AUGSBURG 1995

Satz: Gesetzt aus 9,5 Punkt Syntax Roman in Quark-X-Press von Walter Werbegrafik, Gundelfingen
Reproduktion: GAV Gerstetten
Druck und Bindung: Appl, Wemding

Gedruckt auf 120 g umweltfreundlich elementar chlorfrei gebleichtes Papier.

ISBN 3–8043–0261–0
Printed in Germany